"十三五"普通高等教育本科部委级规划教材

服装表演专业指定用书

服装表演策划与编导

DIRECTING AND ORGANIZING FOR FASHION SHOW（3RD EDITION）

霍美霖 ｜ 主编

中国纺织出版社

内 容 提 要

本书为"十三五"普通高等教育本科部委级规划教材。

根据服装表演专业教学需要，本书对服装表演策划、服装表演编导、服装表演主题、表演服装的选择及妆型的确定、表演音乐的选择及饰品与道具的运用、舞台美术设计、表演编排、服装表演视觉形象设计、服装表演经费预算等方面作了详细地阐述。

本书内容全面，在理论上有一定的突破和创新，既可作为高等院校服装表演专业和相关专业的教材，也适合作为服装表演编导及相关人员的参考用书。

图书在版编目(CIP)数据

服装表演策划与编导 / 霍美霖主编 . —3 版 . —北京：中国纺织出版社，2018.7 （2023.3 重印）

"十三五"普通高等教育本科部委级规划教材

ISBN 978-7-5180-4952-3

I. ①服… II. ①霍… III. ①服装表演—高等学校—教材 IV. ① TS942

中国版本图书馆 CIP 数据核字（2018）第 078566 号

策划编辑：魏 萌　　责任校对：王花妮　　责任印制：王艳丽

中国纺织出版社出版发行

地址：北京市朝阳区百子湾东里 A407 号楼　　邮政编码：100124

销售电话：010—67004422　　传真：010—87155801

http://www.c-textilep.com

E-mail: faxing@c-textilep.com

中国纺织出版社天猫旗舰店

官方微博 http://weibo.com / 2119887771

唐山玺诚印务有限公司印刷　　各地新华书店经销

2009 年 4 月第 1 版　　2014 年 5 月第 2 版

2018 年 7 月第 3 版　　2023 年 3 月第 9 次印刷

开本：787×1092　　1/16　　印张：13.5

字数：205 千字　　定价：49.80 元

《服装表演策划与编导》（第3版）
图书编委会

主　编　霍美霖　东北电力大学艺术学院　副教授

副主编　朱焕良　东北电力大学艺术学院　教授

　　　　　王敏洁　东北电力大学艺术学院　讲师

　　　　　张欣欣　东北电力大学艺术学院　讲师

　　　　　苏文灏　大连艺术学院　讲师

　　　　　蔡雨峰　2015中国年度十佳职业男模特

　　　　　Kim Chul Soo　韩国釜庆大学　教授

　　　　　陶士云　东北电力大学　讲师

　　　　　侯珊珊　太原理工大学轻纺工程学院　副教授

　　　　　李晓岩　成都纺织高等专科学校　副教授

　　　　　伊永华　韩国釜山大学　学生

　　　　　刘晓林　东北电力大学艺术学院　副教授

编　委　孙晓峰　东北电力大学艺术学院　副教授

　　　　　朱立伟　东北电力大学艺术学院　副教授

　　　　　李金涛　东北电力大学艺术学院　副教授

第3版前言

　　进入 21 世纪，服装表演行业较之以往呈现出新的发展风貌。科技性、人文性、艺术性、社会性融入服装表演之中，使其逐渐从单纯地展现服装转化为以传播服饰文化为主要内容的多元媒介艺术。因此，服装表演的策划与编导成为了新时期服装表演行业发展的核心内容。服装表演演出的成功与否，来自于完美的策划构思、来自于编导环节的全面开展，策划与编导可视为服装表演从业者与专业师生的必修内容。

　　我国的服装表演行业发端于 20 世纪 80 年代，从无到有、从业余到专业、从鲜有人知到享誉国际，三十多年的发展历程使其正以惊人的速度和可喜的局面展现在世人面前。服装策划与编导的教学与研究发展时间较短，多年来正是在行业实践经验积累下，逐渐使其具备创建一门课程的基础与条件。

　　完稿之际，首先要真挚感谢朱焕良教授。从 20 世纪 80 年代开始，朱焕良教授身体力行地研究服装表演专业，并一直从事服装表演的教学工作，积累了丰富的教学和实践经验。自 1993 年以来，其先后作为编著和主编出版了《时装表演与模特》《时装表演教程》《服装表演基础》《服装表演编导与组织》《服装表演策划与编导》等书籍，为编著本书奠定了坚实的基础。作者正是在此基础上，进行了全面的升华，除系统地介绍了服装表演基础方面有关的内容之外，本书还结合实例，配有大量的一手文献与图片资料，对一些内容进行了新的诠释与延展。

　　其次，参与本书编写的有大连艺术学院苏文灏老师，太原理工大学侯珊珊老师，成都纺织高等专科学校李晓岩老师。还有东北电力大学王敏洁老师、张欣欣老师、陶士云老师、刘晓林老师、孙晓峰老师、朱立伟老师、李金涛老师。此外，感谢东北电力大学艺术学院毕业生，2015 中国年度十佳职业男模蔡雨峰对于本书应用理论与训练部分提出的修改意见。东北电力大学艺术学院硕士研究生赵文涵同学，本科学生唐靖淇、董悦、于海鹏等同学，韩国国立釜山大学伊永华同学，在文章誊录、资料收集和文字校对方面做了一定的工作。

作者在编写本书时正值韩国国立釜庆大学攻读博士学位期间，在此特别感谢 Kim Chul Soo（金喆洙）教授的指导。

本书在编写过程中，得到中国纺织服装教育学会、中国纺织出版社领导和编辑的大力支持及作者所在单位领导和同事的支持与帮助，在此一并表示衷心的感谢！

由于编者水平有限，加之时间仓促，本书在内容上难免会有不足之处，还需时间性的打磨，祈望广大同仁和读者不吝指教。

霍美霖

2018 年 1 月于韩国釜山

第2版前言

伴随着市场经济的迅速发展，服装表演行业也越来越规范化。高素质、个性化的行业要求，使得服装模特经纪公司之间的竞争日趋激烈。服装表演已不再是单纯地以展示服装、表现服装款式为目的的程式化表演，现代意义上的服装表演要求服装模特具有扎实的基本功和专业的表演技巧。服装表演作为一门综合性的艺术，既是艺术又是科学，它涵盖了多种元素，在全球一体化的大背景下更显示出其独特的行业魅力。

我国的服装表演最早出现在20世纪30年代，兴盛于20世纪80年代。目前正以惊人的发展速度和可喜的局面展现在世人面前，大量优秀的模特活跃在国际舞台上，他们凭借自己的专业技能和职业素质，以融合东方特色的表演受到观众和设计师的青睐。与此同时，各大院校经过十几年的摸索，在服装表演专业的开设和服装模特的培养方面也已经积累了丰富的经验，并取得了不错的成绩。因此，结合服装表演的专业特点、性质及行业的需求编写了这本教材。

笔者从20世纪80年代开始研究服装表演，并一直从事服装表演教学工作，积累了丰富的教学和实践经验，1993年以来，先后组织编写并出版了《时装表演与模特》《时装表演教程》《服装表演基础》《服装表演编导与组织》等书籍，为编著本书奠定了坚实的基础。

本书是在笔者主编的服装高等教育"十一五"部委级规划教材《服装表演策划与编导》一书的基础上修订而成，书中新增了服装表演视觉形象设计一章。本教材尽可能系统地介绍了服装表演策划与服装表演编导等方面的内容，另外，还配有大量的演出现场图片，对相关内容进行了形象地描述。

参加本书编写的还有东北电力大学霍美霖、王敏洁、付春江、张欣欣、刘晓林、孙晓峰、朱立伟、李金涛，成都纺织高等专科学校李晓岩，太原理工大学侯珊珊。

由于编著者水平有限，加之时间仓促，本书在内容上难免会有不足之处，祈望广大同仁和读者给予批评指正。

本书在编写过程中，得到中国纺织服装教育学会、中国纺织出版社领导和编辑的大力支持及作者所在单位领导和同事的支持与帮助，在此一并表示衷心感谢！

朱焕良

2013 年 6 月于吉林

教学内容及课时安排

章 / 课时	课程性质 / 课时	节	课程内容
第一章 /4	基础理论 /12	●	服装表演策划
		一	策划的概念
		二	服装表演策划的概念及基本原则
		三	明确演出的目的
		四	策划的主要内容
第二章 /4		●	服装表演编导
		一	服装表演编导的概念
		二	服装表演编导的作用
		三	服装表演编导的工作职责
		四	服装表演编导的工作过程
		五	服装表演编导的综合素质和工作能力
第三章 /4		●	服装表演的主题
		一	服装表演主题的概念
		二	服装表演主题的选择与命名
		三	服装表演主题的应用
第四章 /8	应用理论与训练 /62	●	表演服装的选择及妆容的确定
		一	挑选服装的依据
		二	演出服装的数量
		三	确定妆容的依据
		四	不同类型演出表演服装的选择及妆容的确定
第五章 /6		●	表演音乐的选择及饰品与道具的运用
		一	服装表演音乐
		二	饰品与道具的运用
第六章 /20		●	舞台美术设计
		一	舞台美术设计概述
		二	服装表演场地的选择
		三	舞台装置
		四	场地规划及平面图的绘制

章 / 课时	课程性质 / 课时	节	课程内容
第七章 /16	应用理论与训练 /62	●	表演编排
		一	选择模特
		二	分配服装
		三	试穿服装
		四	服装管理
		五	表演编排与排练
第八章 /2		●	与服装表演相关的人员
		一	服装表演编导
		二	服装设计师
		三	舞台监督
		四	音响师
		五	灯光师
		六	视频播放师
		七	模特管理
		八	化妆师与发型师
		九	主持人与解说员
		十	催场员
		十一	换衣工
		十二	其他人员
第九章 /6		●	服装表演视觉形象设计
		一	表演场地外围的视觉形象设计
		二	表演场地内的视觉形象设计
		三	其他宣传性的形象设计
第十章 /4		●	服装表演经费
		一	演出经费预算
		二	演出经费预算的原则
		三	可能发生的演出费用
		四	演出经费的筹备
		五	演出经费的使用
		六	推销演出

注　各校可根据实际情况对教学内容和课时数进行调整。

目　录

基础理论

应用理论与训练

服装表演策划

课题名称： 服装表演策划

课题内容： 策划的概念

　　　　　　服装表演策划的概念及基本原则

　　　　　　明确演出的目的

　　　　　　策划的主要内容

课题时间： 4 课时

教学目的： 使学生对服装表演策划的过程有一个概念性的了解。

教学方式： 讲授。

教学要求： 1. 了解服装表演策划工作的基本概念、意义和作用。

　　　　　　2. 掌握服装表演策划的基本原则。

　　　　　　3. 了解服装表演策划的具体内容。

第一章　服装表演策划

一、策划的概念

　　"策划"一词虽然在社会上被广泛使用，但目前对这一词语的解释却并不一致。在古代，策划有谋划、筹划、计划、计策、对策、打算等意思，"划"亦作"画"。在现代，策划的含义则是通过对概念和理念的创新，运用科学的方法整合各种资源（包括现有资源和潜在资源），为实现特定目标而制订出具体的实施方案的一种创造性思维活动。

　　策划在本质上是人运用头脑进行的一种理性行为，是针对未来要发生的事情做出相应的筹谋。实际上，策划是一项综合性的系统工程，有其出发点、基础、核心。将要完成的目标就是策划的出发点，各种信息资源则是策划的基础和前提，而创意则是策划的核心。

　　无论做什么工作，事先都要进行必要的策划。策划者首先要明确该项工作的宗旨和重点要求，然后在策划的过程中收集大量的信息。在这个过程中，所有可能影响到这项工作进程的因素和细节都要考虑进去，同时要用全新的理念思考即将要做的工作。只有在目标明确、信息丰富、理念更新的前提下，工作才能顺利进行，才能达到预期的效果。

二、服装表演策划的概念及基本原则

（一）服装表演策划的概念

　　服装表演策划是针对一场具体的服装表演所进行的整体运筹和规划，是在将要进行一场服装表演之前的预先考虑和设想。通俗地讲，服装表演策划就是对一场服装表演做充足而全面的准备工作，并把所有准备的工作内容用文案的形式表达明确，交由具体执行人员来落实。

　　服装表演策划包括很多具体工作。其中有：确定演出日期、明确演出类型、选择表演场地、确定演出风格、演出规模以及确定观众、编导、主题、经费预算等。

　　服装表演策划人员在策划过程中，要有明确的目标，掌握创新的原则，收集大量的相关信息，并注意与相关人员不断沟通，以确保策划的准确性与科学性。只有进行了认真而细致的准备工作，才能尽可能地避免在演出的过程中出现这样或那样的问题。换一句话说，演出前的策划工作做得越细致、越周全，演出取得圆满成功的可能性就越大；反之，如果事先准备工作做得不到位，就很可能在演出过程中出现一些问题。所以，策划在一场演出中的作用是至关重要的。

（二）服装表演策划的基本原则

1. **创新性原则** 服装表演是相关人员对所展示的服装作品在理解的基础上进行二次创作的过程。服装表演属于时尚活动，在服装表演的同时还可传播时尚信息，所以，创新性原则应贯穿于服装表演策划的始终。

2. **目标性原则** 目标性是指策划者进行服装表演策划时，首先要明确此次服装表演的目的是什么，是为了扩大企业影响、提高知名度、宣传服装品牌，还是进行商业促销或是学术交流等。只有目的明确，才能使目标定位准确。所以，目标性原则也是服装表演策划应该遵循的一个基本原则。

3. **可操作性原则** 服装表演既是一门综合性艺术，又是一项时尚性、实践性很强的活动，所以，每场服装表演都要做到新颖独特、充满新意，但也不能异想天开，更不能脱离实际，而是要切实可行。也就是说，策划方案要具有可操作性。

4. **整合性原则** 整合就是将相关联和不相关联的事物联系起来，从而创造出全新的效果。一场服装表演涉及的内容很多，如服装、灯光、音乐制作、舞美设计、场地管理等。参与到服装表演过程中的不仅是编导和模特，而且涉及很多相关的人员和部门。那么，怎样整合这些相关人员和部门？怎样对他们进行最佳搭配，使他们在工作中能够更协调一致，从而使表演达到最理想的效果？这是策划工作中重点要解决的问题。由此可见，整合是策划的重要原则之一。

三、明确演出的目的

服装表演是指服装模特在特定场地（如T型台）通过走台等动作在观众面前进行的、以服装服饰品为主要内容的、具有美感的服装展示活动。这一活动根据不同的演出目的分为多种类型。

在进行服装表演策划之前，策划者首先要明确本场演出的目的——品牌发布，或是服装比赛，或是娱乐性演出等。这就要求策划者根据不同的目的确定演出的类型，并对演出提出一些特别的要求。

（一）服装流行趋势发布

服装流行趋势发布是指在每个流行期，集合由服装流行研究部门或服装企业、公司、工作室的服装设计师的最新作品，以服装表演的形式公布于众。发布会每年举办两次，一次是春夏时装发布，另一次是秋冬时装发布。配合此类发布会的表演，其服饰形象和表演方式往往具有超前性及预测性。巴黎、伦敦、米兰、纽约、东京等城市举办的时装发布在世界上拥有很高知名度，其中巴黎的时装发布对世界时装的流行趋势有重要的指导意义。我国从20世纪80年代起，由中国服装研究设计中心和中国服装杂志社向国内外发起，每年举办两次服装流行趋势发布会。目前，由中国服装设计师协会举办的中国国际时装周，以国内为主的时装设计师们每年两次进行其个人品牌或公司品牌的最新流行趋势发布。

发布会为新流行的到来制造舆论。成衣制造商也可以从中选择认为能引导流行的款式，或从中得到某些启发进行再设计，然后制成产品，以便作为新的流行款式投放市场，形成新趋势。

（二）商品展示

同一件服装，挂在衣服架上或穿在人台上，其效果与穿着在服装模特身上绝不相同。衣服架上挂着的服装是平面的、扁平的，人台上的服装虽是立体效果，却是静态的，它们都不能完全展示出服装的美妙之处。而穿在服装模特身上的服装是立体的、丰满的和动态的。通过服装模特多方位、多角度的展示，观众的视线从模特转向服装，服装之美就会得以充分展现。所以，一些部门就利用服装表演的形式进行商品展示与促销。

商品展示主要有两种情况：成衣工厂向市场进行新产品发布及宣传，以达到产品促销的目的；商场向顾客展示正在经销的或即将上市的服装，并不定期地利用服装表演的效果吸引更多的顾客购买商品。

（三）服装设计大赛

一个国家或一个地区，为了促进其服装行业的发展，发现设计人才，开发新款式，或评出国家、地区、行业的名优产品，往往定期或不定期地举行服装设计比赛。服装赛事一般是由服装效果图展示和服装现场展示两部分组成。

（四）时装模特大赛

时装模特大赛可分世界级、国家级、地区级等不同级别，主要是通过服装表演来评比出模特界的名模或新人。根据比赛的不同层次，内容也有不同。一般情况下，时装模特大赛的内容主要包括体态条件、感知力和表现力三个方面。比赛程序分为预赛阶段、决赛阶段和总决赛阶段。

（五）文化交流

各国之间，各地区之间，通过服装表演达到交流服装文化、相互促进设计水平的目的。例如，某地举办服装节，各国、各地区的服装表演队带着当地流行的服装或某一设计大师的作品前往，以达到交流的目的。

（六）专场表演

1. **设计师专场** 所谓设计师专场是指专门就一名或多名设计师的作品进行展示的演出。这种演出主要是通过展演设计师的作品，让观众看到设计师的才华和能力，从而达到推名师、树品牌的目的。设计师的作品往往具有一定的创意性和前卫性，所以主题一般由设计师自行确定。在演出的过程中常常利用变幻莫测的声与光创造出独特的表演气氛，达到出人意料的效果，使观众印象深刻。

2. **毕业生专场** 大、中专院校中的服装设计专业、服装表演专业的学生，在毕业前都要举行毕业作品静态展示或动态展示，我们把它称为毕业生专场。这种演出的主体为学生，他们的作品构思大胆、超前、不受拘束。演出的目的是向社会展示才华，推荐自己。

（七）活跃文化生活

服装表演是一门艺术，它已被广大人民群众所接受，并且越来越受到人们的喜爱。自1980年第一支服装表演队（上海服装公司服装表演队）成立以来，全国各地陆续出现了专业或业余服装表演团体（模特经纪公司）。这些团体利用服装表演这一形式丰富了人们的文化生活；电视台也经常在一定时间内播放服装表演方面的节目；有的大型文艺晚会，也要安排一段服装表演或与其他节目串在一起；一些单位、学校在举办文艺活动时，也常把服装表演作为一项内容；大酒店、夜总会等高级娱乐场所也可见到服装模特的身影。

（八）义演

义演是指当某一地区遭受自然灾害时，为了支援受灾地区而举行的服装表演（大型文艺演出中的服装表演），或者是为了支持某一公益活动而进行的演出等，演出的收入及赞助款都会全部捐献给灾区或用于公益活动。

四、策划的主要内容

（一）演出的时间和地点

1. **演出的时间** 策划一场演出首先要确定演出的具体时间，以便相关部门按时间做好安排。因演出的目的不同，确定其演出时间的思路也各异。有的是不可选择的，它受相关条件的约束，如节假日、大型活动的演出等；有的演出则要选择最佳时段，如促销类的演出等。

2. **演出的地点** 时间确定后策划者就要根据演出类型和演出规模、经济实力来确定演出地点。在选择演出地点时，首先要考虑演出的地域，是在市内还是在市外，大方向确定之后，才能考虑演出的具体地点。若演出安排在市内举行，那么像商场、大饭店、展览馆、会展中心等都可以作为演出的地点；若演出安排在市外进行，那么度假村、名胜古迹等也可以作为演出的地点。

（二）观众

策划一场演出时，策划者要明确演出的对象，即观众是谁。要考虑观众是时尚的还是保守的，是职业的还是非职业的。表演的服装要符合观众的胃口，以便向他们介绍流行趋势。一般情况下，观众可分为两种类型：一种是确定的，另一种是随机的。演出前组织好的观众属于确定的观众；非组织的观众属于随机的，如观看商业促销性服装表演的观众。

在策划时，还应考虑特殊观众，如上级领导、嘉宾、商业客户、新闻记者等。

1. **观众规模** 根据演出场地的大小和坐席情况及演出目的来确定观众的规模。确定规模大小时，还要考虑具体的可行性，最重要的是确定观众是否都能组织到位。

2. **观众年龄** 观众的年龄不同，时尚感自然也不相同。青年观众比较喜欢动感的、欢快的表演。如果面对的都是青年观众，就可以采用一些时尚类的表演动作，音乐的节奏可以快一些，伴奏的声音也可以大一些；而年龄较大、比较成熟的观众对具体的服装更感兴趣，他们需要非常清楚的、细节的评述和展示，所以为年龄大的观众进行展示时，音乐要舒缓、柔和一些。如果观众的构成比较复杂，表演就应该照顾大多数人，既不要过分嘈杂以影响成熟观众的欣赏，也不要因节奏太慢而让年轻人感到厌倦。

3. **观众的收入** 一般情况下，服装表演是无需考虑观众收入情况的，但如果是商品促销性的展示，考虑观众的收入就显得尤为重要了，因为展示的目的就是要把服装推销出去。展示前，先了解顾客大体的消费水平，展示的服装要与观众的消费水平大体相当。如果商品看上去高档或太贵，可能会把顾客吓跑；而一些价位较低的商品，在观众眼中可能又会被理解为没有档次。所以，在选择展示服装时，必须要考虑来店消费的主要顾客群体的收入情况。

4. **观众的职业** 观众的职业不同，对服装的理解也会各不相同。所以，观众的职业也是必须要考虑的一个因素。例如，时装发布会的观众应以专业人士、服装大专院校的师生和新闻媒体为主。

（三）主题

服装表演的主题是服装表演的核心。因此，确定表演主题是表演最首要的任务，一旦主题确定，一场服装表演的灵魂也就有了，其他的工作都是以此为中心展开的。主题确定就意味着音乐、表演、设计乃至整台表演的风格都已定格。在明确了服装表演的目的之后，确定主题有利于加大演出的宣传力度，同时也为设计师设计表演用服装明确了任务或为选择服装确定了方向。主题可分总主题和分场主题及系列主题。一场表演的主题如果选择得当，就能对观众产生强烈的吸引力。

（四）表演场地

表演地点的确定只是选择了演出的大环境。很多的演出地点都有几个场地可供选择，策划者应根据演出的需要、演出的规模和主办方的经济条件来确定具体的表演场地。例如，大型饭店内的会议大厅、餐厅、多功能厅等都可以作为演出场地。

（五）演出时间长短

服装表演不同于戏剧、舞蹈、音乐会，它的表演形式较为单一，场景变化也不大，这种情况下，演出时间的长短将关系到其综合效果。为保证表演的成功，时间一定要掌握得恰到好处。一般中、小型服装表演的时间应控制在 20 ~ 40min 为宜，即使是大型服装表演也以不超过 60min 为好。大型观赏性（含音乐或演唱）的服装表演因其观赏性较强，最长的演出时间可长至 90min。演出时间过长的话，观众的视觉和听觉都会疲劳，那么演出将事倍功半，达不到预期的效果。

（六）演出风格

策划者应根据演出目的、表演的场地条件、观众规模、模特条件来确定演出风格。演出风格主要考虑整体的表演风格和不同服装的表演风格。

（七）演出规模

演出规模的大小取决于主办方的经济实力、观众规模、表演场地、服装数量、模特数量、演出风格、道具使用等。

（八）编导的确定

服装表演的编导就是服装表演的编排者、设计者和组织者。一台服装表演中，服装表演的编导作为服装表演艺术的重要构成因素之一，起着至关重要的作用。要根据演出的性质、规模、档次来确定编导的人选，并根据实际情况来确定编导的职责。

（九）接待与安全

对于一场正式的服装表演而言，演出所涉及的相关接待工作和安全保障工作也是不容忽视的，在策划时，策划者对这两项工作也应一并予以考虑。相关接待工作主要包括对邀请的领导、嘉宾、VIP 客户的坐席安排，礼品发放以及就餐安排等。安全保障工作包括考虑服装的安全、场地设备的安全、观众的安全等。

（十）经费预算

筹划一场服装表演，实际上就是筹划一项演出工程，既然是一项工程，那么首先就要考虑经费的问题。策划者要根据演出规模、内容、场次、模特数量及场地氛围等因素，做好预算与安排。作为一名服装表演的筹划者与组织者，不可忽视经费预算这一重要环节。在做预算时一定要考虑全面，所有需要费用的环节都不可遗漏。

小结

1. 服装表演策划是针对一场具体的服装表演所进行的整体运筹和规划，是在进行一场服装表演之前的预先考虑和设想。

2. 服装表演策划的基本原则包括：创新性原则、目标性原则、可操作性原则和整合性原则。

3. 服装表演有多种类型，根据演出目的不同分为：服装流行趋势发布、商品展示、服装设计大赛、时装模特大赛、文化交流、专场表演（设计师专场和毕业生专场）、活跃文化生活和义演。

4. 服装表演策划包括很多具体的工作内容，其中有：确定演出的时间和地点；确定观众；确定表演的主题；选择表演场地；确定演出时间的长短、演出风格、演出规模；确定编导、接待与安全、经费预算等。

思考题

1. 策划的含义和本质是什么？
2. 怎样理解服装表演策划的基本原则？
3. 服装表演策划的主要内容有哪些？

基础理论

服装表演编导

课题名称：服装表演编导

课题内容：服装表演编导的概念

服装表演编导的作用

服装表演编导的工作职责

服装表演编导的工作过程

服装表演编导的综合素质和工作能力

课题时间：4课时

教学目的：使学生对服装表演编导有一个全方位的了解。

教学方式：以教师讲述为主，同时选择一些恰当的范例对学生进行理论联系实际的
教学实践引导。

教学要求：1. 了解服装表演编导工作的基本概念和作用。

2. 了解服装表演的工作步骤。

3. 掌握服装表演编导的各项工作职责。

4. 掌握服装表演编导应该具备的各项能力。

第二章　服装表演编导

　　服装表演作为一门综合性的艺术形式，涉及的领域是多方面的，如服装设计、舞台表演、舞台美术、灯光、音乐、化妆等。一台服装表演是由多个部门的人员共同合作完成的，这就需要在服装表演的过程中，有一个明确的"领导核心"，这个"领导核心"就是服装表演编导。

一、服装表演编导的概念

　　编导是编排和导演的总称。表演艺术一般都有编排和导演的分工，但由于服装表演有其特殊性，编排和导演往往是融为一体的。服装表演编导就是服装表演的编排者、设计者和组织者。

　　在一台服装表演中，服装表演编导不仅要负责构思服装表演主题、安排服装序列结构、指导模特排练，而且还要对音乐、音响、舞台美术、画外音等进行策划和指导。

二、服装表演编导的作用

　　针对服装表演具有模特流动性大、表演时间短、造型变化快、队列组合多、行走路线复杂等特点，服装表演编导需要进行总体统筹。即把不同主题、风格、款式、色调、季节的服装有机地结合在一起与模特搭配、分类与编排；帮助模特理解服装的主题思想、体验角色；指导造型设计；指导模特对不同主题的服装采用不同的演出风格、对不同类型的服装使用不同的身体语言、用不同的动作来展示不同服装的内涵；并且反复指导排练，使各个部分的工作为实现整体的艺术构思服务，从而创造出完美的审美意境，使服装表演具有一定的审美价值。

　　在整个创作过程中，服装表演编导需要针对服装表演艺术的创作规律和特点，与服装设计师、化妆师、舞台调度师、音响师、舞美设计师及模特等共同合作完成服装表演的主旨。

　　虽说一台服装表演需要很多部门的互相配合，但其成功与否却直接取决于服装表演编导。只有通过服装表演编导，才能把与服装表演相关的各个部门有机地组织起来，有条不紊地进行创造性的艺术活动。所以，服装表演编导应该是一场表演的领导者和组织者。

服装表演编导在服装表演中的作用是非常重要的。他的作用主要表现在其对服装表演的总体把握中。作为服装表演的创意者和组织者，他要使各部门和所有演职人员互相协调一致，并保持一种良好的工作状态。

应该说，一台服装表演的水平高低与编导有着密切的关系，服装表演编导是决定整台演出效果的关键。

三、服装表演编导的工作职责

首先，服装表演编导要确定服装表演的主题（对于已有演出主题的，则无须再确定主题）；然后，根据演出主题和主办方的要求确定编导方案做出整体构思；最后，在熟悉所展示的服装和观众对象的基础上，选择模特、确定演出音乐、分配服装、组织场幕、安排顺序。通过调配模特、音乐和舞台美术等要素，运用表演艺术和舞台艺术的创作规律，把这些要素组织成为一个和谐统一的整体，从而创造出一场具有审美价值的服装表演。

服装表演编导的工作职责主要包括以下几个方面。

（一）确定服装表演的主题

任何一场服装表演都需要有一个演出主题，主题有的是在策划阶段就定好的，有的是由编导确定的，每一场演出的主题因演出类型的不同而有所不同。

服装表演的主题是服装表演的灵魂。一方面，主题本身就是演出服装的"自我形象"，是其后一系列工作的支撑点。另一方面，明确的主题也能够帮助观众理解演出服装的层次和内涵。一场成功的服装表演，总是和它的名字一起被人们牢牢记住。

（二）制订演出方案

演出方案主要是依据服装表演的类型和主办方的意图制订。演出方案涉及演出的各个方面。在制订时，要注意方案应与表演目的、参与人员的能力相符。制订演出方案时要考虑许多细节工作，如演出时间、地点、规模，挑选服装、模特、音乐，进行表演的设计、排练的安排以及工作人员的分工、组织和协调，舞台布局，表演解说等。制订出具体的演出方案后还要形成文字作为具体工作的依据，这样也方便与主办方随时沟通、协商和调整。

（三）选择表演服装

选择表演服装首先应该考虑演出目的，目的不同，所选择的服装也会不同；其次是演出的主题，要根据不同的主题选择相应的服装；另外，还应考虑与服装搭配的鞋子和饰品等。

（四）挑选模特

每个服装模特都具有其独特的内在气质和外在条件。作为服装表演编导，应该"独具慧眼"，根据服装的风格特点，挑选出最适合的模特，从而更准确地展示设计师的设计风格，使其作品得到最佳诠释，把无声的服装变成鲜活的舞台形象。

（五）舞台美术设计

服装表演的舞台美术设计是服装表演的一个重要环节。在舞台美术设计方面，编导要考虑的问题包括：舞台背景、台面、周围环境的装饰与舞台造型设计要求及灯光的运用等。

（六）选编音乐

一名服装表演编导的水平高低很大程度上体现在对音乐的选用上。恰当的音乐会带给观众丰富的想象空间，使他们与舞台上的服装表演产生共鸣，从而更好地呈现服装表演的效果。

（七）进行表演设计

服装表演编导应该是一个精通服装表演艺术的行家，他要对整台表演的风格、程序、各系列服装的表演风格、道具的运用、模特的造型、模特的走台路线等进行设计。通过精心设计，将服装的主题构思演绎得淋漓尽致，最大限度地使观众体悟服装的内涵。

（八）组织排练

在舞台上表演的只能是服装模特，而不是服装表演编导。编导的一切艺术设计构思，都要靠服装模特来实现，因此，组织排练是一个非常重要的步骤。只有通过不断排练，才能使服装模特成为编导的思想和愿望的体现者。

（九）协调各方面的关系

一台服装表演涉及很多工作人员，如造型师、音响师、灯光师等，这些人员的工作质量直接影响演出的效果。所以需要有一个人来协调他们之间的关系，一般来说，统筹与协调工作是由编导完成的。

总而言之，服装表演编导的工作职责就是把服装作品、服装模特、音乐和舞台美术等要素，用表演艺术和广告的创作规律组织成为一个和谐统一的整体，创作出一场具有审美价值和观赏价值的服装表演。

四、服装表演编导的工作过程

服装表演编导的工作性质决定了服装表演编导的工作过程就是依据表演服装创造舞台形式美的过程。这一过程需要分步实施，一般可以分为前期编导、中期编导、后期编导三个阶段。

（一）前期编导阶段

前期编导阶段是指在服装表演前，服装表演编导依据所要展示的服装进行艺术构思、策划的过程。这个过程是一种精神活动，主要是在编导者的头脑中进行，它包括酝酿及确定服装表演的主题，选出符合演出需要的表演服装，确定舞台的舞美设计风格以及探索最恰当的表现形式等，所以又称其为"案头工作"。

在前期编导阶段，编导应该首先对需要展示的服装进行细致的观察，并产生第一印象。这一步很重要，它是编导与服装设计师之间心灵产生碰撞的时刻。在这种"心灵碰撞"中，首先编导要深刻体会出设计师设计的每一款服装所要表达的情感；然后在头脑中进行"意想"，即通过对服装的追忆、揣摩以及对设计师创作意图的分析；最后设计出一套可以更加完美地展示服装的表演方案，这便是服装表演编导的艺术构思过程。这种构思成为其在整个编导过程中的指引。

服装表演编导的艺术构思是一个完整的艺术计划，它应该有确切的、详尽的、全面的文字阐述，而不是飘忽不定的浮想。所以，在通常情况下，一个好的构思会带来一个完美的结构和一台精彩的表演。因而，前期编导工作是整台表演的重要创作环节，起着至关重要的作用。

（二）中期编导阶段

中期编导阶段是在确定了演出服装和明确了演出主题后，进行音乐选编、舞台表演设计、挑选模特、组织与指导排练并进行舞台合成的阶段，是编导者"案头工作"付诸实践的过程。

中期编导工作包括的内容如下：

（1）根据演出主题、服装风格进行音乐的选编。

（2）根据演出风格、服装风格提出模特妆容、发型的建议。

（3）为模特分配服装、组织模特试穿服装。

（4）设计模特走台线路、具体表演形式和指导模特的排练。

（5）对舞台装置和舞台灯光提出要求。

（6）对音乐的播放和解说词提出要求。

（7）指导模特在着装、化妆、音乐、灯光的条件下进行综合性排练，即彩排。

（三）后期编导阶段

后期编导阶段是正式演出和总结阶段，主要是检验编导构思和排练的成果，向主办方交出合格的答卷的阶段。在这个阶段中，编导的主要任务是监督、协调演出。演出过程中，编导要监督模特对编导意图的完成情况、协调各个部门之间的关系，使其保质保量地完成所承担的工作任务；对在演出中可能出现的问题，现场要做好随机处理准备；每场表演结束后，都要对演出中存在的不足之处及时做出修改和提高，以保证后期的演出效果，为今后的工作奠定基础。

综上所述，服装表演的前期编导工作，即构思、策划阶段；中期编导工作，即排练、合成阶段；后期编导工作，即监督演出、总结提高阶段。这三个阶段就是编导工作的整个过程。

五、服装表演编导的综合素质和工作能力

服装表演编导是整场演出的灵魂人物。在表演团队中，编导的知识才能、艺术修养和专业经验对于整个表演创作和演出效果都有很大的影响。一场服装表演的效果、境界、艺术水平的高低，与服装表演编导的思想境界、艺术水平有着直接的关联。

在整场表演中，服装表演编导是表演的创意设计者，其工作的技术性和艺术性极强。因此，要求服装表演编导要具备一定的综合素质和工作能力。综合素质主要是指专业素质和基本素质；工作能力主要包括：工作作风、组织能力、社交能力。

（一）服装表演编导的综合素质

服装表演编导的综合素质具体指服装表演编导应具备的专业知识和理解能力、"编"与"导"的综合能力和创新意识。这是由服装表演自身的专业特征所决定的。编导的任务是使整个表演的各个构成因素，如模特、音乐、灯光、舞美、服装、道具等有机地结合在一起，从而创造出一个完整统一的艺术形象。因此，无论何种风格的编导，都必须具有时尚的审美意识、深厚的艺术修养和卓越的组织才干。

1. **专业知识** 专业知识是编导成功创作服装表演作品的必备条件之一。首先，编导应该懂得服装设计，能深刻地理解服装设计师的作品内涵；其次，他们还应该掌握与服装表演有关的专业知识。这些专业知识包括：

（1）舞台表演方面的知识：服装表演也是一门舞台艺术，因此，作为编导应该熟悉与舞台表演有关的知识，包括对其他舞台表演形式，如舞蹈、戏剧、杂技等要有足够的了解。

（2）模特走台方式与编排的相关知识：表演编导应该精通如何根据表演风格并结合模特内在的性格、气质、特长及外在形象特征去设计走台方式，进行整台表演的编排，最大限度地发挥出模特的潜能。

（3）舞台美术设计方面的知识：编导应该对美术设计及工程制图有一定的了解，以

便对舞台设计提出要求。在舞台美术制作之前，先审定其效果图，把好舞美设计这一关，使舞台的整体风格与表演风格协调一致。

（4）音乐方面的知识：服装表演编导的音乐造诣直接决定了其编导的艺术特色，因此对整台演出的特色起到至关重要的作用。因此，服装表演编导不但应该有较高的音乐造诣，还应该对音乐的编辑与制作过程比较了解。

（5）灯光运用方面的知识：服装表演编导应该精通对舞台布光的各种方式、灯光的效果，包括布光的层次、分布、高度以及新型灯光的运用等，结合不同的场景，合理地使用灯光，恰当地烘托气氛，达到最佳效果。

2. **理解能力**　作为一名服装表演编导，要有极强的悟性和理解能力，主要从以下几方面体现。

（1）看懂服装：作为一名服装表演编导，首先要看懂服装，即通过服装造型、款式、色彩和面料等方面准确地领悟出设计师的意图及服装所体现的主体精神和文化内涵。对服装的直觉是非常宝贵的，它往往是编导站在"观赏者"的立场上所产生的切身感受，这也可能是服装表演编导将要留给观众的舞台印象，这一点对于编导工作的着力点是很有启发的。

（2）掌握模特特点：服装表演编导还应该在很短的时间内迅速地掌握每个模特的特点，这样才能对模特进行有针对性的指导，即指导每个模特在表演中如何根据自身的特点去展示服装的特色，从而最大限度地发挥出每个模特的潜力，达到模特与服装的完美结合。

（3）理解主办方的意图：服装表演编导其实是演出方与主办方之间的桥梁和纽带。服装表演编导在编排演出的过程中，除了要考虑演出方之外，还要全方位为主办方着想、理解主办方的意图。在编排中，服装表演编导要尽可能地展现主办方想要展现的内容，如品牌特点、设计风格、企业宣传等。

（4）考虑观众的层次：任何一台演出都会有观众的参与，只不过观众的数量有多少之别，层次有高低之分，欣赏口味有雅俗之异而已。一名高明的编导，在演出设计构思阶段，就会将观众的需求考虑进去，以最大限度地满足更多观众的欣赏需求为自己的最终目标。因为只有"投其所好"，才能引起观众更广泛的共鸣，从而取得最佳的演出效果。

3. **"编"与"导"的能力**

（1）"编"的能力："编"的能力主要是服装表演编导在前期编导阶段、中期编导阶段体现出来的。"编"的主要工作体现在表演之前进行艺术构思和准备的过程中，但在中期也有编排的工作。

在编排过程中，服装表演编导要运用形象思维能力与空间联想能力，结合演出活动各方面的综合因素进行总体编排。编排时要坚持以突出服装为总体原则。

生活的本身就是创作的源泉。作为一名编导，应该具有丰富的生活经验、不断追求创新的思想意识、新颖独特的创意和构思能力，应该把对生活的感悟和对艺术的追求化为创作的灵感，加以提炼、升华后，再用自己独特的艺术技巧将静止的服装转变成活生生的艺术形象展现给观众。

（2）"导"的能力："导"的能力主要是指编导在中期和后期的工作。作为编导，光有了好的设想是远远不够的，还应具有将这种抽象的艺术构想转化为具象现实的能力。这种能力具体表现在舞美设计、表演指导和排练以及合成演出中。

很多编导都身兼数职，既是编导，又是舞美设计者、音响师，还要指导模特的表演，待各个部分都准备就绪之后，还要指挥总体合成、复排、修改演出中的问题和不足。所以，要想达到理想的效果，编导就必须要具有"导"的能力。

4. 创新意识　服装表演编导的工作过程实际上是一个设计的过程，设计就需要创新。创新意识是一切艺术创作的原动力，也是每位服装表演编导应具备的基本素质。服装表演编导的创新意识主要体现在服装表演的各个环节。无论表演的服装本身有无创新意识，服装表演编导都应通过模特在 T 型台上的动态展示和舞美设计等方面，使服装更具有新颖感，完美配合甚至超出设计师的设计构思。另外，服装表演是一门综合性艺术，所以，服装表演编导的创新意识除了体现在模特展示和舞台设计上，在其他方面也要有丰富的表现力，如表演音乐的选择、灯光的运用、道具的运用等，这一切都应该是服装表演编导追求创新立意的对象。只有这样，才能使观众得到视觉上的享受，引发他们的兴趣，给他们留下深刻的印象，令他们回味无穷。

（二）服装表演编导的工作能力

服装表演编导除了要具备必要的综合素质外，还要有一定的工作能力，这里所说的工作能力主要指以下几个方面。

1. 责任感和踏实的工作作风　强烈的责任感是做好一切工作的前提，表演编导的工作也不例外。服装表演编导必须要有强烈的责任感和事业心，热爱编导工作，不怕苦、不怕累，刻苦钻研、努力工作，不断提高编导的工作能力。

踏实的工作作风是做好工作的保证，它主要表现在处处以身作则，认真负责、一丝不苟的工作态度，坚持高标准、严要求的工作信条和精益求精的工作精神。

另外，一个聪明的编导，要博采众长而不应孤芳自赏，要重视设计师的构思而不是故步自封，只有这样，才能丰富和完善自己的艺术构思，才能创作出完美的服装艺术展示作品。

2. 组织能力　"编"的目的是为了"导"，而"导"的过程是由多工种、多人员共同合作完成的。所以，一台服装表演的创作过程，应该以编导为中心，只有这样，才能保证创作过程的顺利进行。因此，在整个过程中都离不开编导的组织和领导。编导应该具有较强的组织能力，组织各方面的人员共同努力，把"编"的内容变成演职员们的实践活动，只有这样，才能将构想变为现实。

3. 社交能力　社交能力是人的社会活动能力之一，它主要是指在社会活动中的语言表达能力。要想使演出获得成功，得到社会各方面的认可，编导人员社交能力的强、弱是非常重要的，服装表演编导既要与演职人员进行沟通，使他们能够准确地领会和贯彻自己的意图，还要去和与演出有关的方方面面的人员进行协商，有时甚至是谈判，以保证演出能够顺利进行。所以，对于编导来说，社会交往能力是必不可少的工作能力之一。

小结

1. 服装表演编导就是服装表演的编排者、设计者和组织者。

2. 服装表演编导的作用主要表现在其对服装表演的总体把握中。作为服装表演的创作者和组织者，他要使各部门和所有演职人员互相协调一致，并保持一种良好的工作状态。

3. 服装表演编导的工作职责主要包括：确定服装表演的主题、制订演出方案、选择表演服装、挑选模特、确定舞美设计、选编音乐和进行模特表演设计、组织排练以及协调各方面的关系等。

4. 服装表演编导的工作过程就是依据表演服装创造舞台形式美的过程。这一过程需要分步实施，一般可以分为前期编导、中期编导、后期编导三个阶段。

5. 服装表演编导的综合素质指服装表演编导应具备的专业知识、理解能力、"编"与"导"的能力和创新意识。

6. 服装表演编导的工作能力主要包括：责任感和踏实的工作作风、组织能力、社交能力。

思考题

1. 服装表演编导的概念、作用是什么？
2. 服装表演编导应该具备哪些专业素质？
3. 服装表演编导应具备哪些工作能力？
4. 服装表演编导为什么要有创新意识？
5. 你对服装表演编导的工作职责是怎样理解的？

服装表演的主题

课题名称：服装表演的主题

课题内容：服装表演主题的概念

服装表演主题的选择及命名

服装表演主题的应用

课题时间：4 课时

教学目的：使学生全方位掌握服装表演主题。

教学方式：以教师讲授为主，同时选择一些恰当的范例对学生进行理论联系实际的

教学实践引导。

教学要求：1. 了解服装表演主题的基本概念和作用。

2. 掌握服装表演主题的选择与命名方法。

第三章　服装表演的主题

确定服装表演的主题是服装表演编导的首要工作，也是最为重要的工作，它统筹整个编导工作的全过程，并直接关系到整场演出的质量与水平，所以绝不能忽视。

一、服装表演主题的概念

（一）什么是服装表演的主题

主题是指在文学、艺术作品中所表现的中心思想，是作品思想内容的核心；也用来泛指谈话、文件、活动等的核心内容。服装表演的主题是服装表演的核心，也是服装表演创作者思想感受的体现。一旦主题确定，一场服装表演的灵魂也就有了。确定表演主题，是一场表演最首要的任务，其他的工作都要以表演主题为中心展开。一场表演的主题如果选择得好，就能对观众产生强烈的吸引力。

（二）服装表演主题的作用

服装表演主题是服装表演编排的主导因素，一场表演的主题如果选择得恰到好处，这场演出就已经成功一半了。服装表演主题的作用主要有：

（1）在整场服装表演中起到指导、凝聚、统一和推动的作用。

（2）能对观众产生强烈的吸引力和艺术感染力，引起观众的共鸣，并给观众留下回味的余地。

（3）有利于演出的宣传。

（4）为设计师设计表演用服装明确了任务或为设计师选择服装确定了方向。

（5）制约表演的结构次序。

（6）制约音乐选编、灯光运用。

（7）制约整场表演的舞台制作和艺术氛围。

二、服装表演主题的选择及命名

确定主题时，应考虑设计师的设计理念以及服装的美感特征、时尚特征、地域特征和商业宣传的方向等。服装表演的主题思想是表演编导进行服装艺术再创造的精神轨道。

因此，在进行构思时，就要以此为最高目标，即无论采用何种方式、何种手段，都要以能够充分体现服装表演的主题为最终目的。服装表演编导要把揭示和体现主题变成自己心中最强烈、最深切的愿望，然后再去考虑如何通过一个个系列服装去强调、渲染主题。有了主题方向，服装表演编导就需要酝酿和确定表演主题，这是服装表演编导进行艺术构思的第一步。

（一）服装表演主题命名的原则

主题可分为总主题、分场主题、系列主题。主题确定后，就可以根据主题命名了。服装表演主题命名的原则可以用五点来概括，即新颖独特、立意明确、联想丰富、高度概括、便于记忆。像好戏名或好书名一样，一场服装表演的好名称也能"推销"这场演出。名称能体现整场演出的主题，也就是说演出的主题要靠好名称来表达，好名称比较容易使表演闻名于众。

（二）服装表演主题的选择

1. **主题思想的来源**　找到主题思想是容易的，关键是如何从无数个可以找到的主题思想中，选出能为特定目的服务的最佳主题。主题可以从以下几方面进行考虑。

（1）流行趋势：例如，春夏流行趋势发布会、秋冬流行趋势发布会、流行色发布会。流行趋势又分若干个主题，见表3-1。

表3-1　中国服装流行趋势发布情况（2006年以后）

时间	主题	
	男装	女装
2006—2007春夏	激情、风雅、蕴涵、生机、释放、迷幻、秩序	
2006—2007秋冬	职业商旅、前卫街头、结构运动、文化时尚、艺术民族	
2007—2008春夏	生态复兴、产业工会、街头鼓点	环保科技、童年记忆、节拍交错
2007—2008秋冬	冷面雕塑、贵族学校、哈林萧瑟、乐园之偶	双面娇娃、极简空间、性感绅士、游牧部落
2008—2009春夏	猎鹰格调、海滨休假、粉彩主义、点彩芸香、咖啡猎人、北非艺像、周末俱乐部、街区舞会	写意运动、生活速写、慵懒蛰居、田园香颂、域界冥想、时空探索、迷你芭比、华美律动
2008—2009秋冬	现代才俊、都市酷客、光影舞者、悠闲雅士	随性、经典、锐利、游乐
2009—2010秋冬	太空骑士、后现代绅士、定制生活、摩登男孩、摇滚情愫、民族之旅、都市魅力、快乐的安宁	流动的空间、行走的建筑、回归庄园、嬉皮民谣、解冻都市、宫廷变奏曲
2010—2011春夏	幻想、汇流、痕迹、纯净	
2010—2011秋冬		冬日苍白、城市田园、休闲高贵、极致表现
2011—2012春夏	苏醒、呵护、互动、精妙	
2012—2013春夏	生机永存、装饰艺术、适用为上、平常精神	
2012—2013秋冬	暮光、溯回、涅槃	
2013—2014春夏	共感、糖衣、交错、新物质	

（2）服装类别：用服装类别确定主题是服装表演中最常见的一种，如女装展示会、男装展示会、童装展示会、中老年服装展销会等。一般来说，商场、成衣制造商常根据服装类别确定演出主题。

（3）服装风格：服装风格也可用来确定主题，如"原始印迹""都市节奏""自然颂"等。在流行趋势发布会、个人专场中，选用服装风格做主题的也比较多。

（4）时事：国际、国内的时事也可成为主题，因为时事能提供最明显的主题。例如，根据大型体育活动而定的主题"亚运风采""北京 2008""五环奥运""奥运来了""香港回归"（1997 年香港回归中国），根据环保确定的主题"为了明天"等。

（5）艺术：从博物馆、展览馆中得到的灵感给表演主题的确定增加了趣味。例如，"敦煌神韵""红、黄、蓝""丝绸之路"等。

（6）音乐：流行歌曲、轻音乐、歌舞晚会、大型歌剧都可以为服装表演提供好的主题。例如，"现代节奏""城市风光""校园生活"等。

（7）季节：虽然季节不是最独特的主题，但也能成为主题。例如，"美好的春天""冬季奇境""北国冬雪""雾凇潮""雪域风情"等。

（8）节假日：有些具有纪念性或有特色的节假日也可以提供较好的灵感。例如，"新春到来""祖国你好""龙年节奏""五十华诞"等。

（9）地点：有时演出地点也可以成为主题。例如，"夏日的海滨""江南水乡""吉林之夏""雪都之行"等。

2. 根据表演的目的确定表演的主题

（1）以促销为目的：对于以促销为目的的商业性表演，可以根据服装的类别确定主题，这也是服装表演中常采用的手法。

服装分类方法较多，可以根据具体需要进行选择：

①按季节分：春装、夏装、秋装、冬装。

②按性别分：男装、女装、中性服装（男、女都可穿用）。

③按年龄分：童装、青少年装、中老年装等。

④按材料分：棉布服装、毛料服装、丝绸服装、亚麻服装、化纤服装、混纺服装、裘皮服装、羽绒服装等。

⑤按款式分：中山装、西装、裙装等。

⑥按用途分：室内服（居家服）、运动服、学生服、工作服、舞台服等。

⑦按加工特征分：机织服装、针织服装、刺绣服装、手绘服装、扎染服装、蜡染服装等。

⑧按民族分：蒙古族服装、朝鲜族服装、藏族服装等。

促销类服装表演，应尽量选择以展示新款时装为主的规范化主题。例如，2017 年秋冬新款发布会、2017 年高级成衣展、2017 年早春系列发布会、2017 年度假系列展示会。

（2）以品牌宣传、娱乐性演出为目的：以宣传品牌的特色或以娱乐为主的艺术性较强的表演，确定表演的主题尤为重要，如何选择一个能恰当表达主题的名字，成为服装表演编导的首要任务。在观看表演之前，一个好名字可以使观众对这场表演产生一系列的联想，并且在观看过程中，把从名称得来的联想具体化，从而牢牢记住这场演出。

畅销品牌必须有一个响亮而易于记住的名称。在确定演出主题时，要考虑品牌的名称、风格、企业形象等。例如，"国色·倾城"婚纱礼服发布会、"漫趣熊孩儿"童装发布会、"时妆·衍"形象设计展等。

娱乐性演出主要是根据服装的风格确定主题，也可根据季节、时事、艺术、城市的特点等确定。例如，"迎奥运庆五一动起来"展示运动装、"吉林之夏——靓装新潮"女装新款、"大唐风采"展示唐款服装等。

（3）以作品展示为目的：对于重在展示设计师作品的专场发布会，其主题由设计师确定即可，不需要再另立主题。

三、服装表演主题的应用

服装表演主题是从表演内容到演出形式、由内而外，具有统一性与关联性的具体体现。无论是舞台美术设计、现代数字表现艺术设计、时尚音乐选编等演出内容，还是请柬、海报设计、广告宣传、创新点以及亮点推出等演出宣传内容，它们都需要将服装表演主题发挥得淋漓尽致且相得益彰。

（一）表演方式的应用

表演方式是服装表演中最基本也是最重要的内容，通过多种服装表演步伐可以将所要展示的服装利用优美的肢体语言展现给观众。对于服装主题在表演方式上的展现，单纯的走台方式已不能够完成预期的效果。而必须通过以走台方式为基础，融入其他的表演艺术形式（例如，戏剧、舞蹈以及行为艺术）元素（图3-1），提升表演的层次感，可以承载表演主题性进行相互的融合与递进。这种双向调和一方面让演出更加具有观赏性与艺术品质，另一方面使表演主题更加直观地传递给观众。

图3-1

（二）舞台美术设计的应用

舞台美术设计是服装表演内容中除服装、模特之外最为直观的视觉组成部分，它为服装表演构架出一个展示平台，并且营造出表演所需的主题艺术氛围。舞台美术设计的构建基本是由舞台设计、背景设计以及周围环境氛围设计三个方面组成。三个方面设计虽然分工不同，但是它们却蕴含着一致的协调性，舞台美术设计应与整场演出的主题一致。

如何在舞台美术设计中体现服装表演主题，一方面在于创作者对于表演主题的认知；另一方面在于设计灵感来源和手段。设计者首先要正确理解表演主题，打造契合表演主题的演出效果，避免在传递信息的过程中误导观众。而在正确理解表演主题之后，设计者可以根据主题背景作为创作的源泉，利用各种合理手段将想法实施到舞美设计的各个部分之中，最后形成与表演主题一致的舞台美术设计方案。例如，主题思源来自于某种艺术（图3-2），那么在舞美设计上就要考虑与其相关的艺术作品、艺术风格、标志性事物，等等；如果主题思源来自于演出地点（图3-3），那么舞美设计就可以考虑在该城市或者地区较为重要的建筑进行舞台搭建或是采用还原主题场地等方式。

图 3-2

图 3-3

（三）现代数字表现艺术设计的应用

目前，把数字信息传播的表现形式称为数字媒体（medium），也称为数字媒介。用计算机进行信息记录，信息传播的媒体共同重要的特点就是信息数字化，因此称信息数字化传播媒体为数字媒体（digital media）。如今，现代数字表现艺术已经渗透到许多艺术领域之中，如室内设计、平面设计甚至舞台表演艺术。方便、高效的技术手段为设计成果增添了意想不到的艺术色彩与实用品质。而对于服装表演来说，现代数字表现设计艺术的出现为其提升了艺术价值与商业价值，为演出的主题展现注入技术支持，使服装表演在商业模式发展下不偏离艺术性。无论是3D全息投影技术（图3-4）、LED屏幕的使用还是电脑数字照明设备的启用，都让数字表现艺术与服装表演的跨界融合变得巧妙与精彩。

图 3-4

（四）时尚音乐选编的应用

时尚音乐即是服装表演的背景音乐，它为整场服装表演提供了演出节奏与演出层次。与其他内容一样属于演出的一部分，它们相互配合，营造出表演主题氛围。时尚音乐的选编不仅对模特的演出具有重要意义，同时对于整场演出的完成也起到了关键性的作用。音乐为模特在演出的感觉以及服装的理解方面提供了一个想象空间，在听觉上与表演主题达成共鸣，使演出效果更加饱满。

服装表演主题的展现，除了视觉部分的支撑以外，听觉的表现也是十分重要的。服装表演的整体"画面感"强调"形""音"两个点，只有在符合演出主题的背景音乐衬托下，服装表演内容的"感官部分"才会更加有力地呈现出来，并且让观众能够很快地投入到演出的主题氛围之中。

（五）请柬的应用

请柬是演出邀请定向嘉宾前来观看演出最为传统的方式，同时它也是许多服装表演中使用最多的邀请方式。一份请柬既能体现出主办方的礼节与诚恳，同时也让嘉宾通过请柬提前了解到演出的概况。请柬设计一般涉及的内容包括演出的时间、演出的地点、主办方信息以及演出主题。

演出主题对请柬设计有着直接的指向性，它决定着请柬用什么样的风格、什么样的元素进行设计。请柬承载着演出的基本情况，同时负责承担演出前期主题文化的传播作用。因此请柬设计必须秉承并延续演出主题的思想、灵感，利用较小的空间将演出的精华融入其中，让嘉宾对演出的概况一目了然。

（六）海报的应用

海报是在演出之前，最能全面展现演出信息的方式。服装表演主题是海报设计的灵感来源，只有清楚演出主题并且剖析出构成主题的要点，利用海报设计原则，将要点融入其中，才能最终设计出能够宣传演出信息并且与演出主题一致的演出海报（图 3-5）。

图 3–5

小结

1. 服装表演的主题是服装表演的核心，也是服装表演创作者思想感受的体现。

2. 服装表演主题命名的原则包括：新颖独特、立意明确、联想丰富、高度概括、便于记忆。

3. 服装表演主题思想的来源主要有：流行趋势、服装类别、服装风格、时事、艺术、音乐、季节、节假日和演出地点等。

思考题

1. 服装表演主题的概念及作用是什么？

2. 服装表演主题的思想来源可以从哪些方面考虑？

3. 怎样选择和确定服装表演的主题？

4. 详述服装表演主题的具体应用。

表演服装的选择及妆容的确定

课题名称： 表演服装的选择及妆容的确定

课题内容： 挑选服装的依据

演出服装的数量

确定妆容的依据

不同类型演出表演服装的选择及妆容的确定

课题时间： 8 课时

教学目的： 使学生了解如何选择不同类型的表演服装及妆容。

教学方式： 以教师讲授为主，同时给学生选择一些恰当的范例进行理论联系实际的
引导。

教学要求： 1. 了解挑选服装和确定妆容的依据。

2. 了解如何确定演出服装的数量。

3. 掌握不同类型演出中表演服装的选择方法以及如何确定相应的妆容。

第四章　表演服装的选择及妆容的确定

对于一场服装表演来说，选择展示的服装是整个服装表演过程中一个重要的环节。演出服装的选择分两种情况：一种是先确定了服装表演的主题，然后再根据主题由设计师设计并组织制作服装，供服装表演所用。每年举行的流行趋势发布会及设计师的个人专场发布会等都属于这一范畴；另一种是根据演出的需要，从已有可选择的服装（也就是说服装已经存在）范围内挑选服装，也可以适当再制作一些。

妆容的确定是正规演出时进行的必要环节，妆容的好与坏直接影响演出的效果，也决定观众对所展示服装的接受程度。

一、挑选服装的依据

挑选表演服装时，首先要依据演出的类型来确定服装。服装表演的类型有很多种，如发布类服装表演、促销类服装表演、竞赛类服装表演、娱乐类服装表演等。不同的演出类型，所选配的服装应有所差别。例如，某场服装表演是以促销为主要目的的，可是在台上展示的却是色彩强烈、款式夸张、艺术感较强的服装，这显然是不适合的。

其次，要考虑服装表演的主题、演出的对象。演出主题一旦确定，服装的挑选就应始终围绕主题来进行；当演出对象确定后，在挑选服装时也要考虑观众的年龄段、消费水平、职业等。

所以，对于一场演出来说，恰当地选择服装是至关重要的。

二、演出服装的数量

演出所用的服装数量也是选择服装时应考虑的内容之一。影响演出服装数量的因素有以下几点：

（1）整场演出的时间。时间越长，所用服装越多。

（2）主办方的经济实力。在演出时间不变的前提下，允许适当地增加服装数量，以提高演出效果。

（3）预期效果。根据演出目的的需要，为达到预期效果应保证必需的数量。

（4）演出风格。简洁风格的表演一般需要服装的数量较大，表演这种风格的模特在 T 型台上的流动性大且展示（停顿）的时间较短。

三、确定妆容的依据

一场服装表演中，妆容的确定可以综合以下几个方面考虑：

1. **服装表演的主题**　主题是确定妆容的一个重要参考依据，不同的主题可以设计出不同的妆容。例如，Christian Dior 2007 春夏高级定制将《蝴蝶夫人》作为整个系列的主题，妆容上设计也是和"蝴蝶夫人"如出一辙的东瀛风情，模特们化身为普契尼笔下的巧巧桑。

2. **服装类型**　不同类型的服装应搭配不同的妆容。例如，展示休闲装时，模特的妆容要清新自然，展示职业装时，模特的妆容要体现出干净、干练的感觉，展示礼服类服装时模特的妆容可以或雍容、华丽或冷艳、高贵。

3. **服装风格**　模特的妆容可以与服装风格相呼应，例如，Christian Dior 2014 秋冬成衣，拉夫·西蒙（Raf Simons）将男装中的体型剪裁和设计理念融入现代女装的设计，模特身着中性化的西装、脚穿运动元素的高跟鞋，右手勾着一件色彩缤纷的大衣，雍容华贵与现代风格并存，塑造出充满力量的都市职业女性形象，为了配合服装风格，模特的妆容非常的商务，尤其是发型极具雕塑感，但是走上 T 型台上又充满动感。妆容元素也可以取自于部分服装设计元素，例如 Alexander Mcqueen2014 秋冬发布会上，部分模特粘贴的假眉毛取自于身上所穿服装的皮草元素。

4. **演出形式**　正规服装表演和非正式的服装表演在妆容上有区别。正规的服装表演是指有主题、舞台、灯光、音乐、解说等的演出。这类服装表演的妆容应考虑到演出主题和灯光等因素精心设计。非正式演出是指没有音乐、灯光、T 型台的演出。主要靠道具来强调服装的效果。这类演出的妆容可以自然一些。

5. **表演场地**　场地、灯光效果的不同，妆容就要有变化。如果表演场地选择在室外，采用白天的自然光线，服装模特的妆容要自然精致。否则自然光下妆容容易显得粗糙和花哨。特别注意用色的深浅度及均匀度。粉底要涂得很薄，散粉也要选择色彩自然、粉质透明的。五官修饰要十分细致，眼影色要与肤色协调，尽量选用浅淡、干净的颜色，唇部也要和其他部位一样，只涂淡色唇彩使之富有光泽感即可。总之，化妆后要给人留下自然真实的美感。如果表演场地选择在室内，就要充分考虑到舞台灯光和场地大小等因素。由于舞台灯光具有淡化色彩的作用，一般来说在表演场地较大、舞台灯光强烈的演出氛围中，模特的妆容色彩及线条要比日常妆容加重 10 倍。此外，还要考虑舞台灯光的色彩及明暗。

6. **模特自身特点**　每个模特都有自己的特点，在有些服装表演中（如模特赛事），可以根据模特的不同特点设计不同的妆容，这样可以提高模特自身的表现力。

7. **妆容的流行趋势**　确定妆容时，应对当季的妆容流行趋势予以参考。

四、不同类型演出表演服装的选择及妆容的确定

（一）发布会类型的服装表演

发布会类型的服装表演又可分为两种情况：

一种是由服装流行研究机构及服装权威机构组织，每年发布服装的色彩、面料、款式等方面的流行趋势，以预测流行、引领时尚为主要目的，提供的服装是最具时尚感的、应季流行的。

此类型表演对妆容要求比较高，往往新一年的妆容流行趋势与时装发布会同时上演。例如，2017年的彩妆趋势回归到了自然、淡雅的风格（图4-1），彩色的睫毛（图4-2）、雀斑妆、渐变的唇等妆容出现在多个品牌的发布会中。

图 4-1

另一种是设计师（品牌）服装的发布会，主要展示设计师（品牌）作品，强调设计师（品牌）风格。这类型常选择具有代表性的、艺术感强的、能够体现设计师（品牌）独特创意的服装，使观众充分地了解设计师（品牌）的风格与特色。

妆容也是配合服装而设计的，因此与服装一样，可以呈现出或浪漫、或前卫、或高雅、或抽象等风格特征。服装设计师会把自己的想法告诉化妆师，然后通过化妆师的化妆技巧惟妙惟肖地表现出来（图4-3）。

（二）促销类型的服装表演

促销类型的服装表演带有商业性质，其表演的目的是为了推出新产品和对现有服装进行促销。它虽然不适合表现款式夸张、色彩强烈的服装，但也不能太过于僵化。促销类服装表演的服装在选择时也要受到一些因素的制约：

图 4-2

(a)

(b)

(c)

(d)

图 4-3

（1）服装要实用，现场有货供应。

（2）要考虑季节因素，选择应季或下一季的服装产品。

（3）新上市的服装一定要符合流行趋势，具有时尚感。

（4）尽量选择款式新颖、色彩鲜艳的服装，以提高促销表演的可观赏性，达到吸引观众的目的。

（5）针对商场内部进行的促销表演，应选择系列服装中最具流行性的服装，通过展示使观众产生强烈的购买欲望，并达到在看完表演后马上就购买服装的冲动

（图4-4）。

促销类的服装以成衣为主，消费者群体是直接的观众，因此妆容的整体色彩不宜过分眩目，应给人以和谐悦目的视觉感受。所以，妆容尽量选择清新淡雅的色彩，橘色是最能体现自然感觉的妆容。眼妆的技法常选择晕染的方法，或是单色眼影、或是多色眼影，运用渐变的技巧，效果一目了然（图4-5）。无论是短发或是长发，要选择表现随意、清爽的发式，尽量给人以简洁、时尚的印象。

图4-4

图4-5

（三）竞赛类型的服装表演

竞赛类型的服装表演主要有两种，一种是服装设计赛事，另一种是模特赛事。

1. **服装赛事**　服装赛事一般可分为国际、国内（全国或地区）等级别。比赛内容各有不同，但基本都有服装现场表演。目前我国举办的主要服装赛事有："益鑫泰"中国（国际）服装设计最高奖评审、"汉帛奖"中国国际青年服装设计师作品大赛、"大连杯"中国国际青年时装设计大赛、中国服装设计师生作品大赛、上海国际服装文化节"中华杯"国际服装大赛、中国时装设计新人奖评选等。

服装赛事类服装表演所展示的服装是参赛选手自己设计的，配饰均由参赛选手提供（图4-6）。所以，大赛组委会只需提供服装模特和表演场地，按照参赛选手设计的服装进行分类即可。

图 4-6

　　因为是比赛，服装赛事类表演的妆容应考虑与服装统一，但又不能每个系列服装都换一种造型，所以只能根据服装比赛的不同类别而有所区别。例如，在展示实用类服装时，整体造型就应更趋于自然和谐（图 4-7）。因服装设计大赛具有研究、探讨、交流的性质，有的参赛作品也可有较浓的艺术色彩，为了渲染这种艺术气氛，妆容和发型可夸张些（图 4-8）。

(a)

(b)

图 4-7

(a)   (b)

图 4-8

图 4-9

总之，服装赛事类表演的妆容和发型应体现出万能性，即达到一种妆容可适合多种服装风格的境界。常见的发型是把头发盘起（图 4-9）。

2. **模特赛事**　服装模特比赛都有模特服装展示这一环节。原则上，模特大赛所用的服装由赛会提供，通常选用休闲装、泳装、晚装。有时根据比赛主题的不同，选择的服装也会有所区别。模特比赛时所用服装，不同于商业性、艺术性表演的服装，所选服装要能够反映模特的综合素质，因此在选择时要注意以下几点：

（1）服装要能够充分展示出模特的形体特点。

（2）要选用几种类别不同的服装，以体现模特对不同类型服装的理解力和表达力。

（3）同一类别服装的款式、面料，变化不能过大，以免人为地造成模特间的差距，影响比赛效果。

在定妆时，要把握好每个参赛模特的个性特点，整体设计要贴近自然。既要使比赛的整体妆容风格保持一致，又要充分体现每位模特的特点。如果条件允许的话，在模特换装时也可以为其简单地换一下发型（图 4-10）。

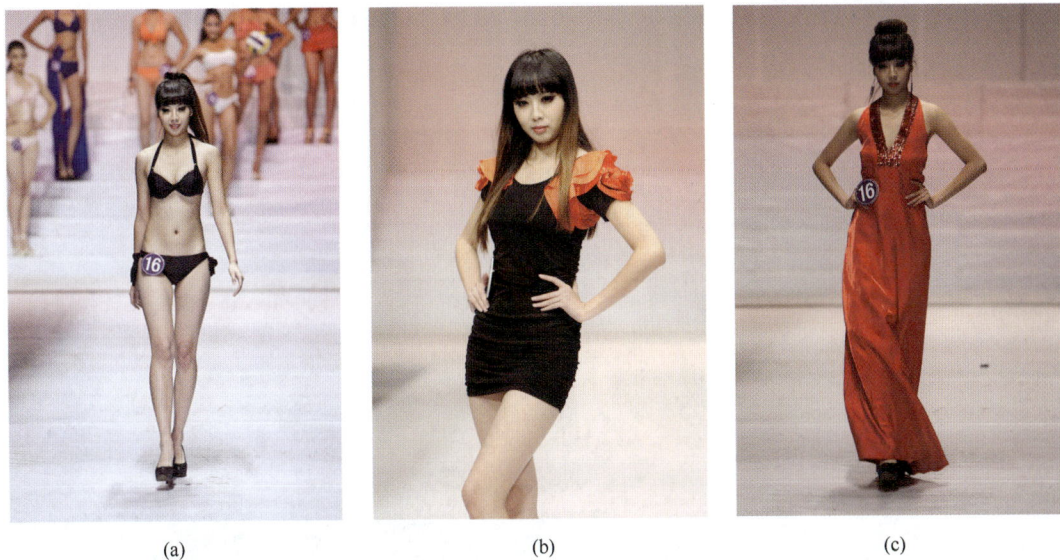

(a)　　　　　　　　　　　　(b)　　　　　　　　　　　　(c)

图 4-10

（四）娱乐类型的服装表演

娱乐类型的服装表演多在一些娱乐场所进行，如酒店、文化宫、剧院等。目前很多企事业单位、院校举办文艺晚会也常穿插服饰展演。这类演出在挑选服装时，考虑以娱乐为目的的同时，也要考虑活动的主题和方式。所选服装可带有一定的审美特性和娱乐色彩，要具有表演性，款式新颖别致、造型夸张、色彩鲜明。具有极强艺术特征的服装，易于营造表演气氛，能达到将观众带入服装艺术世界的目的。对于所展示的服装是否具有可穿性不必过多考虑，编排时可配合一些道具，表演时可添加生活化、情景式或舞蹈化的表演方式，以此增加服装表演的趣味性（图 4-11）。

图 4-11

在这类服装表演中，妆容不要过分突出模特味道，可根据演出的具体要求有所侧重，或浓艳或前卫（图 4-12）。

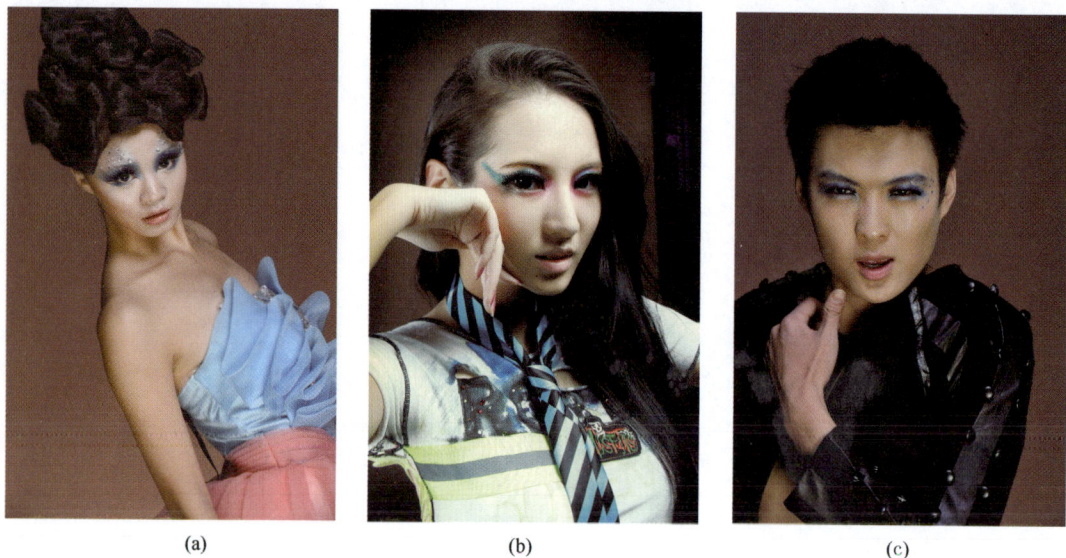

(a)　　　　　　　　　　　(b)　　　　　　　　　　　(c)

图 4-12

表演服装确定后，还要将其进行分类排序，可以把款式、色彩相近的服装分为一组，也可以根据服装的类型，如休闲类、职业类、礼服类、婚纱类等进行分类，然后再进行排序。一般情况下，开场的服装要引人入胜，可选择激情活力装或创意性强的服装，这样可将观众的视线带到舞台上来，使观众对这场服装表演产生浓厚的兴趣。在演出的过程中可以穿插不同类型的服装，这样高低起伏、张弛有序，才能使演出更富于变化、更有节奏感，从而组织出一场完整而又精彩的表演。

小结

1. 挑选服装要依据演出的类型、表演的主题、演出的对象来进行。

2. 演出服装的数量要考虑整场演出的时间、主办方的经济实力、预期效果、演出风格。

3. 确定妆容的依据要考虑服装表演的主题、演出形式、表演场地、服装类型、模特自身特点、演出风格、妆容的流行趋势。

4. 发布会类服装表演在服装的选择和妆容的确定上要抓住流行趋势。

5. 促销类服装表演在选择服装时要注重服装的流行性，妆容要清新淡雅。

6. 竞赛类服装表演分为服装赛事和模特赛事，服装赛事的服装不用选择，妆容要统一，符合赛事的主题；模特赛事服装通常选择休闲装、泳装、晚装，妆容在把握好每个模特的个性特点的同时注意统一性。

7. 娱乐类服装表演在服装和妆容的确定上可以夸张，具有表演性。

思考题

1. 挑选表演服装、确定妆容的依据有哪些?
2. 怎样选择不同类型的表演服装?
3. 白天在室外进行服装表演时化妆应注意什么?

表演音乐的选择及饰品与道具的运用

课题名称： 表演音乐的选择及饰品与道具的运用

课题内容： 服装表演音乐

饰品与道具的应用

课题时间： 6 课时

教学目的： 使学生掌握服装表演音乐的选择及饰品与道具的运用。

教学方式： 以教师讲授为主，同时选择一些恰当的范例对学生进行理论联系实际的
引导。

教学要求： 1. 了解音乐风格与服装风格的含义。

2. 了解音乐节奏与服装节奏的含义。

3. 了解音乐的编辑与合成。

4. 掌握表演音乐的选择。

5. 掌握不同饰品在表演中的具体运用。

6. 掌握道具在表演中的运用方法及原则。

第五章　表演音乐的选择及饰品与道具的运用

一、服装表演音乐

音乐作为服装表演的重要元素之一，已经成为服装展示中必不可少的组成部分，是服装表演成功与否的必要条件。它和服装、模特、灯光、舞台背景等共同诠释着设计师的理念，向观众传递着美的信息和时尚元素。服装表演采用的音乐，有时也叫服装音乐、秀场音乐、表演音乐、T型台音乐等。不管怎样称呼，它都是从众多的音乐中选择出来的，或加以编辑、或加以合成，最终成为服装表演的背景音乐。有了音乐的介入，服装表演就变成了有声的艺术，加入音乐元素之后，服装表演就变得更加时尚，更加丰富多彩。

（一）音乐与服装

最早的服装展示是没有音乐的，模特们采用程式化的步子和姿势将一套套服装展示给观众。到了20世纪，零售商们为了吸引顾客、渲染气氛，开始用乐队为他们的服装表演进行现场伴奏。渐渐地，音乐成为现代服装表演的元素之一，甚至成为服装表演的灵魂，影响着表演的整体效果。

音乐是服装的伴侣和催化剂，可以完全与服装风格、设计理念达到一致。无论是表演策划者还是模特，都必须深知音乐与服装表演的关系，才能更好地传递服装设计师的设计意图。既然音乐与服装表演艺术如此形影不离，那么稍加注意就会发现，两者之间必然存在某种内在的统一。一方面，音乐为服装表演提供背景和听觉环境；另一方面，它还要与舞台表演的视觉因素构成复合影响，共同对服装设计进行诠释和传递。

音乐是时间性艺术，在一定时间内通过听觉系统来接受；而服装是空间艺术，服装的大小、构成、比例、色彩、款式等都需要有一定的空间才能表现出来，并主要靠视觉系统来接受。两者除了靠视觉、听觉外，还需要通过想象来增加美的深度。从风格到节奏，从旋律到音响效果，人们都可以凭借丰富的联想和心理感受，体会音乐和服装中的流行元素，从韵律和模特表演中感触美的符号。

1. 服装风格与音乐风格　　"风格"，在不同的艺术作品中所代表的含义略有不同。在文学著作中，该词可演化为书体、文体之意，表示以文字表达思想的某种特定方式；

在绘画艺术中被用作对作品的评价用语，指作品的艺术特色；在表演艺术中，风格则指通过艺术家的体势语言表现出来的相对稳定和更为内在、深刻的反映时代、民族或个人的思想观念、审美理想、精神气质等内在特性的外部形式。

由于风格既是艺术家对审美客体独特而鲜明的表现结果，也是艺术欣赏者对艺术品进行正确的欣赏、体会、品味的结果，那么作为传递服装设计信息的音乐元素和服装表演，也必然存在着艺术风格的多样化与统一性。彼此的内在制约作用则完全表现为两者要与服装设计的主题、风格高度一致，共同表达出设计师所要传递的设计理念和流行元素。

音乐是人类灵魂深处的声音，欣赏者可在音乐中引起内心世界的共鸣。服装设计追求的境界说到底就是风格的定位和设计。服装风格表现了设计师独特的创作思想、艺术追求，也反映了鲜明的时代特色。不同音乐风格体现出来的不同时代、不同民族、不同流派的艺术特色总能够寻找到在特定艺术特色影响下的设计。不论是服装的设计者，还是服装表演的策划者，都必须充分地理解服装设计的风格特征，才能找到与之相配的音乐背景，这样欣赏者才能从视觉、听觉中产生共同的联想和感受，正确传递出服装设计师的设计意图。

（1）服装风格：风格还是一种分类手段，人们通常依靠风格判断艺术作品的类别和发源地。在漫长的艺术发展进程中，服装风格不计其数。下列是比较有代表性的七大类服装风格。

①代表某一时代特征的服装风格：如中世纪风格、爱德华时期风格、维多利亚风格等。尤其是维多利亚风格的一些服装特点和元素仍被一些品牌和设计师所偏爱。这其中就包括"朋克教母"维维安·韦斯特伍德（Vivienne Westwood）和"坏小子"亚历山大·麦昆（Alexander McQueen），在他们的时装秀中都可以见到对维多利亚时代元素的运用或加工。Valentino 2012 春夏高级定制系列也大量运用了蕾丝、立领、褶皱、荷叶边、包纽、高腰维多利亚风格特色元素。

②代表某一地域特征的服装风格：如土耳其风格、西班牙风格。杜嘉班纳 2015 春夏时装就是以西班牙为主题，黑色的蕾丝裙，大量的白色和红色，以及康乃馨的花卉图案，还有西班牙斗牛士服饰，宝石镶嵌的王冠头饰，整个系列非常华贵，体现出浓郁的西班牙风格。

③代表文化特征的服装风格：如嬉皮风格、朋克风格等，是受到一定文化影响的服装风格。朋克作为一种服装风格，真正的成功是在维维安·韦斯特伍德（Vivienne Westwood）那里，她被认为是 20 世纪最有创新精神的设计师之一，她的创作手法丰富多变，在设计中常引入朋克的一些元素，而被公认为"朋克之母"。她使这种反时髦反时尚的样式成为一种新的风格和时尚，由此朋克服装风格得以声名远扬，成为一种风格。时至今日，其魅力依旧不减，尹夫·圣·洛朗（Saint Laurent Paris）、纪梵希（Givenchy），乃至亚历山大·麦昆（Alexander McQueen）、莫斯奇诺（Moschino）等都展示出了属于设计师的不同的朋克风格。

④以人名命名的服装风格：如蓬巴杜夫人风格、夏奈尔风格。蓬巴杜夫人风格是指

18 世纪中期以后的洛可可女装，十分华丽、注重装饰，无数的花边、蕾丝、缎带花结、繁复的褶皱饰满全身，当时的蓬巴杜夫人的衣服多是此类，所以这类衣服也被称为"蓬巴杜夫人风格"。

夏奈尔是著名法国设计大师，CHANEL 品牌的创始人，她强调服装要优雅简洁而又自由随意，是现代女性衣着的革命先锋。夏奈尔的服装风格，风靡 20 世纪二三十年代，一直延续至今。

⑤代表特定造型的服装风格：如克里诺林风格、巴斯尔风格。克里诺林（crinolines）源于法语单词"crin"（马尾毛）和"lin"（麻）的组合词，是指用马尾毛、丝或棉织物浆硬后制作的裙子的裙撑。这种裙撑出现以前，裙子的膨大是靠穿数层衬裙来实现的，一般至少重叠四至六层，最多可达三十层。19 世纪 50 年代，克里诺林裙撑替代了那些衬裙，把女人从厚重的衬裙里解放了出来。这种裙撑 1860 年传入法国，深受以欧仁妮皇后为中心的宫廷和社交界上流女子们所喜爱，迅速成为流行服装，以致影响西欧各国的所有阶层。

巴斯尔风格因使用突出后腰的裙撑（即巴斯尔，bustle）而得名，是 1870 年左右由沃斯设计，与克里诺林风格相比，巴斯尔长裙的裙裾缩小，裙摆的一部分束到腰后，并点缀上各种造型的花朵。穿这种长裙正面看是细长的，侧面看突出了胸部和臀部，呈现出优美的 S 型。

⑥体现人的气质、风度和地位的服装风格：如骑士风格。骑士原来是指欧洲中世纪时受过正式的军事训练的骑兵，后来演变为一种荣誉称号，用于表示一个社会阶层，骑士往往是勇敢、忠诚的象征。最初的骑士装束是用铁片和厚的鞣皮制造的头盔和全身甲胄，后来由于火药武器的发展和战争方式的变化，使厚重的盔甲失去了作用，所以骑士的盔甲也只保留了头盔和胸铠。到了 18 世纪，骑士制服往往是由短夹克、长裤、高筒马靴和高顶帽组成。骑士风格服装就是指受到骑士制服影响，具有某些骑士特征及精神的服装风格。Moncler Gamme Rouge 2015 秋冬女装、Balmain（巴尔曼）2016 春夏男装中都有骑士风格的服装作品。

⑦代表艺术流派特征的服装风格：如视幻艺术风格、波普风格等。视幻艺术风格又称欧普风格，"视幻艺术"本身指的是利用人类视觉上的错视所绘制而成的绘画艺术，主要采用黑白或者彩色几何形体的复杂排列、对比、交错和重叠等手法造成各种形状和色彩的骚动，有节奏的或变化不定的活动的感觉，给人以视觉错乱的印象。受欧普艺术影响的服装，也会按照一定的规律给人以视觉的动感，主要元素有人字格、千鸟格、波点和各种条纹等。Christian Dior、Moschino 和 Louis Vuitton 等很多品牌都发布过视幻艺术风格的服装作品。

波普风格这个词来自英语的 Popular（大众化），最早起源于英国。与现代主义、国际主义不同，波普风格注重象征性与趣味性，尤其是形式的表现和纯粹的表面装饰。波普风格的服装给人感觉大胆、新奇，乃至是艳俗、放肆、眼花缭乱和惊世骇俗。服装设计师范思哲（Gianni Versace）设计的印花图案色彩鲜明刺激，颇具波普特色，他最先将安迪·沃霍尔（Andrew Warhol）的梦露头像巧妙地印到服装上。2014 年缪西娅·普拉达（Miuccia Prada）邀请了6位当代艺术家为普拉达（Prada）2014春夏系列创作了6幅色彩浓郁的波普风格女性肖像插画，并直接将插画转印在时装上，并用水晶、钉珠、亮片等为装饰，搭配上艳丽的撞色效果，完美地展现了波普风格高调前卫的个性特征。

（2）音乐风格：对于音乐来说，同样存在着不同的风格，它们的发展及演变不仅构成了艺术的发展历程，而且也反映了各时代的社会思潮和审美变化。在服装表演中，常用的音乐有以下几种：古典音乐（classical music）、乡村音乐（country music）、摇滚音乐（rock）、电子音乐（electronic music）、rap & hip-hop、丛林乐（jungle）、新时代音乐（New Age music）等，这些风格不同的音乐可以给予欣赏者不同的听觉感受，与服装风格相得益彰，令观众产生视听的共鸣和震撼。

①古典音乐：具有优美的旋律，充满意趣的乐曲，还有真挚的情感，或宁静、典雅，或震撼、鼓舞，或欢喜、快乐。可用在古典风格的服装中，在盛大场面的表演中也可选用。

②乡村音乐：源于20世纪20年代的美国，由美国南方民谣（appalachian）和蓝调演变而来，曲调流畅、动听，曲式结构也比较简单，加入卓越的强节奏和流行的音调后，轻快的旋律可作为田园式服装表演风格的背景音乐。

③摇滚音乐：摇滚不仅是一种音乐形态，实际上更是一种"人生态度和哲学"，其代表性类型有嬉皮文化、艺术摇滚、朋克乐、先锋音乐、重金属等。正因为摇滚音乐其鼓点鲜明、个性张扬、叛逆，在服装表演中应用，将服装表演中时尚、突破常规、夸张的元素表现得淋漓尽致。

④电子音乐：它是现代音乐创作的产物，由电子合成器、音乐软件、计算机等产生的电子声响来制作的音乐。电子音乐涉及面广，主要以电子舞曲为多。融入摇滚、爵士（jazz）甚至布鲁斯（blues）等多种元素后，其乐曲充满情感而富有变化。适合于表现多种服装风格，也为模特走台提供了清晰明确的节奏。

⑤rap & hip-hop：一般认为是"黑人的流行音乐"，它源于黑人的布鲁斯音乐。"rap"翻译过来是饶舌，"hip-hop"翻译过来是嘻哈，意指雏形阶段的街舞。由于其节奏适合摆臀扭胯，风格随意，脱口而出，不仅令模特易于表演，更能体现都市时装的简洁随意，休闲舒适。

⑥丛林乐：由民歌发展而来，以英美传统音乐为基础，混合了布鲁斯等其他音乐类型，节奏特色鲜明，节拍复杂，比较强悍，有时也会搭配一些rap，很适合表现晚礼服、小礼服或具有贵族气息的服装。

⑦新时代音乐：是一种宁静、安逸、闲适的音乐，营造出大自然中平静的气氛或宇宙浩瀚的感觉，洗涤听者的心灵，令人心平气和。由于其纯音乐作品占比较多，非常适合作为服装表演的背景音乐，给予模特更大的发挥空间，同时也能给观众带来空瞑的感受，是近两年活跃在T型台上的音乐风格之一。

2. 服装节奏与音乐节奏　节奏是指进行一种有规律的完整的运动形式。用反复、对应等形式把各种变化因素加以组织，构成前后连贯的有序整体，是抒情作品的重要表现手段。节奏不仅是音乐美的构成要素之一，也是服装形式美的重要组成部分。服装表演不论从模特台步的快慢，动静姿态的转换，还是场次的编排，都需要从节奏中体现强弱变化，从对比中感受服装表演的艺术美感。

在音乐中，节奏是指音乐运动中音的长短和强弱，它包括时间长短和力度强弱两方面，指声音要素经过艺术构思而形成的一种组织形式。在音乐中，节奏的概念其实是很宽泛的。从宏观的角度看，它可以说是音乐的"进行"，这个概念包括音乐中各种各样的运动形态，既有轻重缓急，也有松散与紧凑；具体说，节奏包括节拍和速度两个概念，前者是指音乐规律性的强弱交替，即拍点的组合，后者是指这种律动的速率。在音乐中，节奏是"骨架"，它有着重要的表现作用。节奏还是可以从音乐中独立出来的要素，对人的生理反应具有很强的激发作用。

（1）服装节奏：模特借助铿锵有力的中速节奏，演绎色彩和造型夸张的军旅风尚；伴随轻柔婉转的慢速节奏，秀出高贵典雅的华丽霓裳。同样的服装，因为有了节奏的陪伴，在模特的动态展示下更增添了立体的美感。因为欣赏者对节奏产生了联想，而与设计师产生共鸣，实现了对设计作品多角度的赏析。

服装中的节奏就像音乐中的节奏一样，不同的节奏变化会给人带来不同的心理感受。在服装设计中，节奏是利用连续且具有规律性的、组织性的线条、块面、材质、纹理、色彩等交替重复的相似要素，而引导视觉的移动方向，控制视觉感受的"主点"，使人们产生一定的情感活动。在整体效果中，服装的节奏是表现时尚与艺术美感的重要因素。服装构成元素之间形成的重复变化正好与音乐的节奏、音符的强弱、装饰音的运用等吻合。它的基本特征是能够在服装中表达人的情感，能够传达人们的心理感受，如高兴、沉默、文静、浪漫、高贵、淳朴、古典、现代。服装元素在节奏上的不同变化，音乐节拍的快慢、轻重，都会给人们心理情感带来不同程度的变化。

（2）音乐节奏：

①慢节奏音乐：慢节奏音乐可以让人放慢脚步，获得使人心平气和、情绪稳定、获得优雅、闲适的效果。它多体现气势宏大的颂歌等。在慢节奏音乐的作用下，模特会轻挪台步，慢扭腰肢，表现典雅、高贵、稳健之美。这种音乐适合晚装、婚庆服，有些复古或民族感强的服装同样适合。

②快节奏音乐：快节奏音乐会给人以活泼明快的感觉。它与人们在激烈运动时的心跳、呼吸相适应，表现人们激动、兴奋、欢乐的情绪。有时模特会以热舞的形式表现服装的活力感。它适合表现运动、时尚、狂野等服装设计主题。

③中速节奏音乐：中速节奏音乐多表现阳光明媚、春色满园的大自然风光。由于其速度适中，显得模特铿锵且充满自信。对于初学表演的模特也非常适合。它多合适表现便装的轻松、休闲，职业装的干练、挺拔，也可以作为许多自然题材的服装设计作品的背景音乐。

3. 音效渲染服装主题　音效是指声音的音响效果，是对"进入耳朵里的声音效果"

的描述。如果说主旋律是对服装风格和个性的定位，那么采用合适的配乐和音响效果，可以更好地诠释服装的质感，让人们在欣赏服装动态效果的同时，感受服装材质或光滑、或粗涩、或轻柔、或厚重。随着高科技的迅猛发展，人们可以借助计算机将各种配乐或电子琴的声音重新组合，制作出各种各样的音乐效果。它们可以是高山流水的绵长，漫天飞雪的轻柔，还可以是金属碰撞的清脆，古堡幽灵的诡异等。这些也正是很多服装主题要表现的意境。设计师通过服装夸张的外轮廓、色彩的冷暖、线条的曲直、面料的厚薄来营造服装主题氛围。在服装设计主题中，有以民族和传统素材为主题的，有以自然或环保素材为主题的，还有以艺术或人文素材为主题的服装设计，要想更好地展示这些服装的设计理念，可以从众多音乐素材中找到与之相配的旋律作为背景，通过音效的处理能够起到画龙点睛的作用。

（1）生活环境音效：生活环境音效多采用自然环境（如风声、水流声）、人类活动、动物（如鸟叫声）等人们熟悉的音乐，作为情节性服装表演或趣味感强的服装背景效果。例如，Dries Van Noten（德赖斯·范诺顿）2015年春夏女装发布，模特们伴随着鸟叫声和轻灵的音乐声，走在仿佛布满青苔的林间小路般的T型台上，一瞬间让人觉得这仿佛不是在忙碌喧闹的巴黎时装周现场，而是来到了神秘的森林幻境之中。另外，若要展示都市的流行服饰，可以让模特在一段嘈杂的人声和汽车喇叭声的喧闹中，穿梭在T型台上，营造时尚丽人的忙碌氛围，既可以吸引观赏者的注意，又可以诠释服装的着装环境和设计目的。

（2）乐器应用音效：乐器应用音效是指各种乐器产生特别的或一般的音色音响效果，包括钢琴、小提琴、吉他、萨克斯、古琴等乐器。它营造出各种常规的乃至非常特殊的音效，如萨克斯一向演绎着慵懒、迷离，还多少带着淡淡的忧伤，这正是某些性感礼服所要表达的意境。古琴的安静悠远、低缓缥缈比较适合烘托优雅的、洒脱的具有中国古典韵味的服装。例如，NE·TIGER 2013年"华·宋"高级定制华服发布会，为了衬托淡雅高贵、简约委婉的服装和表现宋代文化淡泊清雅的韵味，表演音乐选择了由古琴大师李祥霆现场演奏宋代古曲。

（3）击打类乐器音效：击打类乐器音效是各种击打乐器的基本音色。击打乐器是指由敲打而发出声音的乐器，如木琴、定音鼓、铜钹、三角铁、铃鼓、木鱼等。也可以是想象不到的东西，如皮鞭、齿轮器等。这种音效强化紧张、急躁、恐怖或大自然的音效效果。有节奏的击打声还能够与模特的步调相互配合，更好地表现所需要的神韵。在以节奏为主的打击音乐和爵士乐中，加入三角铁、铃鼓等音效后，增加了活泼明快的效果，更好地演绎出带有异域情调的服装风格。

（4）异幻情境音效：异幻情境音效指较为幽暗、虚幻、悬疑、恐怖、紧张、梦境、不安、灾害等类别的情境音效，多表现黑暗、不安、超现实等气氛。这些效果往往在许多梦幻、前卫的服装设计中见到。为了配合灯光、舞台美术、模特的妆容，在表现此类作品时，音效的作用就显得至关重要了。例如，Alexander Mcqueen2014年秋冬发布会的音效营造出了一种诡异、不安的氛围。

（二）音乐的制作与合成

理解了服装的设计构思后，可以根据主题确定音乐的风格、节奏以及音效。但是，服装表演需要在短短几十分钟内演绎多种时尚风格，必须要对音乐进行排序、编辑、合成等，才能制作出一场完整的服装秀的背景音乐。

1. **音乐的选择**　虽然每一种主题服装表演都可以找到与之题材相配合的音乐，但并不是所有的音乐都适合进行服装表演。除了音乐要与服装风格一致以外，还必须具备以下特点：

（1）主题联想空间大：无论是服装还是音乐，都会让人产生联想，不同风格的人会产生不同的联想。服装通过造型、色彩、材质等给观众以想象的空间，同样是轻薄透明的纱质面料，有人会想到云彩，有人会感觉像雾气。如果音乐将听者定格在某一具体的情感和事物中，那么就会有部分欣赏者产生视听错位，自然感受不到服装所传达的美感。所以，服装表演音乐要能带给听众想象的空间，使不同性格的人们产生不同的联想，从而赋予服装更深的情感意义；同时美妙的音乐更能够感染观众，提高观众对服装表演的观赏兴趣。

（2）节奏明确：服装表演基本上是模特以运动的体态形式全方位表现服装的穿着效果。因此，音乐必须适合模特的走台方式。模特表演时不管是迈步、顶胯，还是停顿、转身，都必须随着音乐强弱转换进行。那么，为什么音乐节奏一定要明确，音乐节拍一定要强弱清楚？一方面，不同的人会有不同的听觉反应，音乐节奏如果含糊不清，就有可能会出现模特与模特之间快慢不合的问题，从而影响表演情绪，更会使表演队形松散、凌乱，使演出效果大打折扣；另一方面，如果音乐节拍不适合人的双腿"一、二，一、二"的交替变换。例如，华尔兹、恰恰等典型舞曲的节奏，只适合基本舞步的踩踏，除非表演需要模特做这些特殊的展示尝试，一般是不适合作为走台音乐的。

（3）纯音乐为主：一般情况下，表演音乐最好选择以器乐为主的纯音乐，尽可能少选或不选有声乐曲，因为有文学语言的参与，内涵比较确定，为服装表演留出的发挥空间不大。当然，也有个别的服装设计要求如 rap & hip-hop 等所表现的个性和时尚氛围相一致，也可以采用。此外，一些童装或趣味服装，有时也会采用儿童歌曲或戏曲等作为背景音乐。

2. **音乐的编辑**　设计师为了尽可能地展示自己的设计能力，在一场服装表演中展示的服装也会有风格、色彩、细节处理上的差异。即使在同一主题下，人们看到的服装也会千姿百态，琳琅满目。因此，很多表演都会选择至少三至四种不同的音乐，以配合不同的表演风格段落。

首先，设计师会将服装分成若干个风格段落，根据表演的需要和观众的视听感受将服装按要求排出表演场次的先后顺序，因此，服装表演的音乐也必须按不同风格服装的出场顺序遵从服装的表演程序进行排序。

其次，排序后的音乐虽然做到了与服装表演的主题呼应，但也有可能因为节奏快慢的变化，音效强弱的过渡，造成观赏者的烦躁与心理上的不适，个别曲目在顺序上出现突兀的变化或重复性的乏味。这时就需要对音乐进行局部的调整或与设计师商量后将服装表演的顺序略作调整。经过几次试听后，才能初步决定所要采用的音乐曲目。

最后，还要进行开场音乐和结束音乐的选定。开场时，一般选择气势宏大、节奏强烈的音乐，这样可以抓住观众的注意力。特别的演出也会用一些让人们感觉独特、新颖的音乐，以便能够有一种先入为主、异军突起的感受，让观众记忆犹新；尾声部分多采用轻快、热烈，充满喜悦或激情的音乐，以保持欣赏者的兴奋情绪，达到最佳的视听效果。

3. 音乐的合成　服装表演音乐的伴奏有现场演奏（演唱）和录制播放两种形式。虽然现场演奏的演奏者在台前可以根据表演调整节奏和气氛，但因为其费用高、排练烦琐，常用在一些高档次发布会的演出中。例如，Victoria's Secret（维多利亚的秘密）的发布会经常会邀请一些知名的歌手现场演唱；CHANEL、VALETION、GIVENCHY 等一些品牌有时会请乐队现场演奏来增加气氛。一些赛事类和促销类服装表演的音乐大多是经过编辑、合成后录制在光盘、U盘或存于计算机内，在演出过程中进行循环播放。

（1）音乐的段落结构：按照表演服装的出场顺序，将选定的音乐依次排序。由于每场演出的场地大小、队形设计、模特走台的步幅都存在很大的变动因素，要做到安排音乐时段在服装表演中恰到好处是很不现实的。在表演过程中，如果一种类型的服装没表演完音乐就结束了，那将会使演出陷入尴尬局面；但如果保留每一段音乐的完整性，也可能会因为存储设备的空间不足无法成型。服装表演的每一套展示时间可能只有短短几十秒钟，选取的某一种曲目模特可能因为前奏部分过长还没来得及进入情绪或节奏，就已经退入幕后。对于音乐合成来说，正是由于服装表演在演出形式上的特殊性，有效控制音乐的段落结构至关重要。音响师必须将每一段音乐进行剪切并编入序号。为了实现场次的良好衔接，录制的音乐一定要比估算用时长一些。另外，开场音乐和结束音乐也应该单独录制并纳入编序号码，这样音响师就会很清楚音乐的播放顺序。

开场音乐一般会采用激昂热烈的曲目，时间可以控制在五分钟左右，以起到提示和带动情绪的作用。当服装表演结束后，模特全部顺序出场，接着是设计师，甚至还有嘉宾、主持人等出场谢幕，这个时间往往无法估算，因此，要尽可能使结束曲目录制得长一些。有些现成的完整曲目可能不够时长，这时应通过计算机合成将其重复延长，以确保演出音乐的完整性。

（2）音效的合成和旁白：随着科技的发展，专业人士可以借助计算机、合成器等进行音乐的二次创作，在许多经典旋律的基础上进行一些特殊的音效处理，这种处理对于与时尚潮流紧密联系的服装表演则能起到更好的烘托渲染效果。例如，为了实现某一场景的服装艺术效果，在背景音乐中加入类似鸟叫、玻璃破碎等声音。这一效果在计算机中可以利用滤波器、波封发生器等专业制作手法合成，从而获得理想的背景音效。设计师和编导只需将要表现的意图和意念准确地传递给音乐制作者，通过现代化的设备和手段就可以得到理想的背景音乐。

旁白，最早是说话者不出现在画面上，直接用语言来介绍影片内容、交代剧情或发表议论，包括对白的使用。旁白具有引导观众的作用。在服装表演里通常将旁白称为解说，解说可现场也可幕后。在表演时加入必要的解说，让观众能够更全面地了解本场演出所传递的时尚元素和设计师的设计构思，加深对表演的了解。这样，不仅可以拉近与观众的距离，还能引起观众对某一瞬间的注意，加深对本场演出的印象。

例如，"现在展示的服装主题为《融》。岁月的点滴心事，挤进了我的窗，融成一缕春风，感动大地；时光的车轮，摇转着我的梦，恰似人生的温柔，化作一段永恒的故事！本组服装曾获 ×××× 年'佳海杯'中国国际服装院校设计大奖赛金奖。作者：×××× 艺术学院学生 ××。""这两套晚礼服采用缎类面料，新颖的袖型、领型，紧身收腰的造型，表现了晚礼服的端庄、华贵。此组服装的设计者是来自 ×××× 学院的学生 ×××。""现在表演的模特是 ××，身高 1.78m，今年 20 岁，从 18 岁开始从事模特工作，曾在 ×× 模特大赛获十佳模特称号，她的业余爱好是上网和摄影。"

解说词的内容要根据表演目的加以确定，可以对设计理念、模特情况、流行资讯、服装材质特点等进行简要说明，以增加演出的互动性，更好地达到举办此次服装表演的目的。同时，对演出过程中出现的一些不可预知的情况，还可以做一些必要的弥补和调整。解说时间的长短要根据一组服装的多少来掌握，时间最好控制在每组服装表演结束前解说完。对服装大赛、模特大赛的表演，解说内容应包括赛事介绍。

（3）播放方式：目前播放音乐的方式主要有录音机、CD 机或计算机输出系统。为了确保全场的音响效果，除了播放设备以外，还必须有扬声器、均衡器以及供电线路等全套音响系统。不同的播放方式决定音乐不同的录制形式。

运用录音机播放，一般是将素材录制到磁带上，有多少场景的背景音乐就要有多少盒空白磁带，并且在播放时要准备双卡录音机。将单场次的曲目和双场次的曲目分别放置播放，才能保证表演时各场景之间的衔接，避免因为音乐转换出现的空场现象。目前，这种播放方式已经被人们所淘汰。

采用 CD 机播放系统，同样要准备两套设备。将背景音乐按照出场顺序，分单、双场次序号分别刻录在两张光盘上。注意开场音乐和结束音乐也要加入到排序中。音响师通过监视系统就可以把控模特进出场次时音乐的转换，以便提前进入读碟程序，减少空场的发生几率。这种播放方式也渐渐被新的方式取代。

利用计算机播放音乐，是最便利也是最好的一种方式。你只需将曲目按照出场顺序编排好，拷贝到现场的计算机播放系统中，由音响师完成现场切换。这种方法省时省力，还可以在录制曲目时尽可能地延长时间，以适应现场多变的特点，确保正式演出时万无一失。

不管采用何种方式播放音乐，音响师在进行曲目切换时，一定要在音乐段落转换时进行音量渐弱渐强的调控，留出一定的感觉适应空间，否则会给模特、欣赏者带来心理上的不适，影响演出效果。

（三）表演音乐的时尚性

20 世纪 80 年代初，民族器乐出现了以电子音乐元素为背景的艺术创作方法。它打破了民族音乐传统单一模式的音乐语言表达方式，融合了以现代科技手段为表达方式的音响产物，为古老的民族音乐注入了新的活力。在现代化的生活背景下，这种转变说明音乐的发展也务必要适应文化与科技、现代与传统交叉意识的转变。

在演出中，音乐可以说是表演的灵魂，甚至在某种程度上比服装的作用还要重要。音乐的时尚性不仅要做到音乐风格跟上潮流，连制作模式也必须脱离陈旧、保守的观念。"秀的音乐跟别的音乐不同，秀的音乐是态度大于细节，讲究观念上的东西和节奏感，就像跳舞一样，每分钟多少拍最舒服。"目前，国内的秀场音乐，远远不及国外。通过我国民族器乐艺术的娱乐化的变化趋势，不难看出，人们需要时尚，表演音乐更需要注入时尚的元素。

20 世纪 80 年代初，民族器乐出现了以电子音乐元素为背景的艺术创作方法，它打破了民族音乐传统单一模式的音乐语言表达方式，融合了以现代科技手段为表达方式的音响产物，为古老的民族音乐注入了新的活力。在现代化的生活背景下，这种转变说明音乐的发展也务必要适应文化与科技、现代与传统交叉意识的转变。民族音乐尚且如此，更何况是引领时尚潮流的服装表演音乐呢？

音乐给了服装灵魂，但音乐能否传递出服装的神韵，仅仅与服装风格完全融合在一起是不够的。我们必须学会推陈出新，在不断地否定和颠覆中，触摸最尖端的时尚，这才是服装表演需要的音乐感觉。

二、饰品与道具的运用

服装确定后，不要忽略与服装相配的饰品和道具的运用。正确地选择和运用饰品和道具，能够增加服装表演的艺术性和观赏性，同时对于服装模特而言，又增加了一定的表演空间。

饰品和道具是用来突出所要展示服装的辅助性物品。在服装表演中，服装模特作为服装表演的载体，通过对服装的领悟和理解，用肢体语言向观众传达服装款式的独特之处和设计师的设计理念的同时，恰当准确地应用饰品，借助不同的道具进行辅助表演或构图，衬托服装和模特的个性特点，可以掩饰服饰或模特的一些缺憾，充分拓展服装的美感和内涵，创造多角度的个性空间，起到画龙点睛的作用。

（一）饰品

服装表演中所说的饰品是指在服装设计师所提供的服装中未包括的附属物品，是对表演服装起修饰和点缀作用的一些附件。通过饰品的使用，可以使服装的比例、色彩、款式更加协调。不同种类的饰品都有很多款式和各自的风格。根据服装的设计风格配以相应的饰品，可以增强观众对服装风格的视觉定位，增加服装的整体美感。

　　饰品包括首饰、头饰、发饰、腰带等物品。在服装表演中所运用的各种各样的饰物，均是对即将展示的服装起陪衬、烘托作用。服装模特在表演中合理地运用好饰品和道具，可以使服装设计更加完整，使模特的表演造型更加丰富，增加观众对服装的理解和接受。

　　1. 首饰的运用　一般意义上的首饰包括：耳环、项链、手链、手镯、指环等。

　　在展示耳环或项链时要配合优雅的手臂和手的姿势，利用摆放头和手臂的位置进行造型，姿态要优雅（图 5-1、图 5-2）。表演时，尽量把所佩戴首饰的款式特点清晰地展示给观众（图 5-3）。

　　表现手镯和戒指时应展示手的侧面，让手指纤细柔美（图 5-4）。

图 5-1

图 5-2

(a)

(b)

图 5-3

(a)　　　　　　　　　　(b)　　　　　　　　　　(c)

图 5-4

图 5-5

　　如果同时表现耳环、项链、戒指和手镯，可双手交叉放在身前，或者将手轻轻地放在脸上或耳朵上（图 5-5）。

　　2. 头饰的运用　因季节和使用场合的不同，帽子的款式有很大变化，但大致分为有檐帽和无檐帽。在展示时，头部和手的动态极为重要，模特可以采用不同的动作进行造型。常见的动作有：把头略向前低、把帽子略向外倾斜，这样可以使观众直观地看清帽子的顶部；可以单手扶帽、双手扶帽、单手拿帽等（图 5-6）。

　　3. 发饰的运用　发饰的种类较多，有头花、发带、发簪、发卡以及各种风格的造型假发。在表演时可以采用展示帽子的方法加以强调头部的造型，也可以放松对头部的表演，保持其自然状态（图 5-7~ 图 5-11）。

(a)

(b)

(c)

(d)

图 5-6

图 5-7　　　　　　　　　　　　　　图 5-8

图 5-9　　　　　　　　图 5-10　　　　　　　　图 5-11

　　4. **围巾、披肩**　在展示围巾、披肩的时候，模特应当表现出温柔、优雅的女人味，可以把围巾、披肩披在肩上，或把围巾、披肩打开，舒展在臂弯内侧，或放在身后亮开。手臂的动作可采用衣袖的展示方法（图 5-12、图 5-13）。

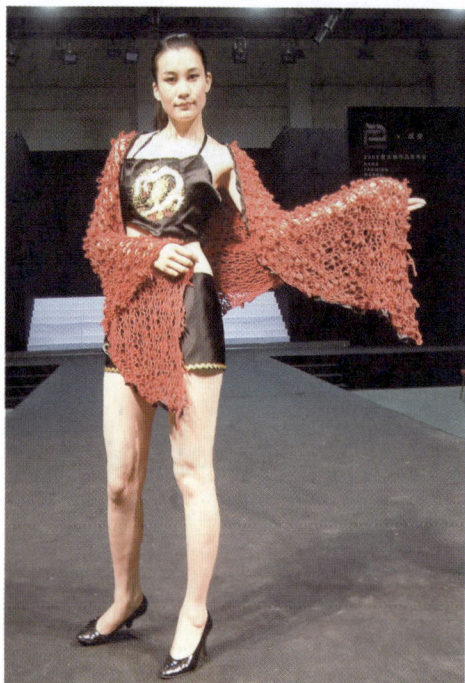

(a)

(b)

图 5-12

(a)

(b)

图 5-13

5.**注意事项**　在使用服装表演饰品时，要根据表演服装、表演编排及服装模特的特定情况，一并考虑饰品的使用。为了提高整体效果，选择饰品要注意以下几点。

（1）与服装相协调：要让饰品充分发挥点缀和烘托的作用，避免画蛇添足。重点考虑饰品的色彩、款式、功能性及与之搭配的服装色彩、款式是否协调。

（2）表现服装内涵：同样的服装，搭配不同的饰品会产生不一样的视觉效果，如晚装展示，若设计者想传达高雅、高端品位的概念，则搭配靓丽华贵十足的珠宝更显高贵，而如果设计者想要传达时尚前卫的风格，则可以搭配较为夸张的特殊材质的概念类饰品。

（3）调和服装色彩：当用来表演的服装色彩不理想时，可以通过佩戴饰品加以调整。

①色彩单调、沉闷的服装，可以选择色彩丰富、明亮的饰品为服装增添活力，画龙点睛。如图 5-14 所示，利用黄色腰带增添效果。

②色彩强烈、刺激的服装，可以通过选择色彩中庸、单纯含蓄的饰品中和服装的色彩感觉。如图 5-15 所示，利用黑色腰带增添效果。

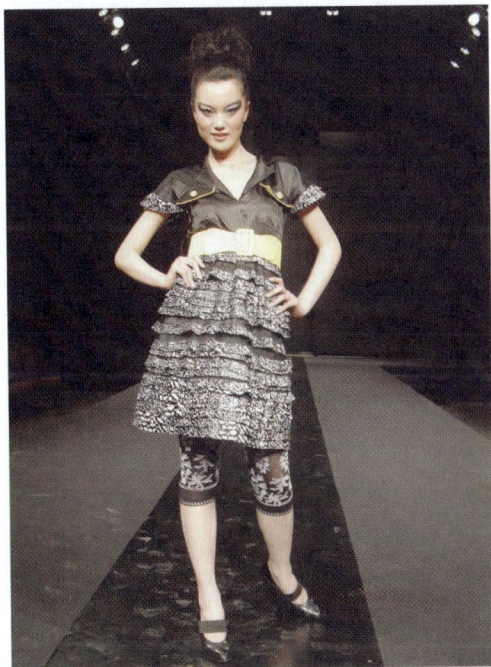
图 5-14

图 5-15

（4）展现系列服装：当表演系列服装时，模特可以通过使用同样的饰品来提升表演的整体效果。例如，表演一个系列但是款式各不相同的雨衣时，可以为模特配置款式统一的雨鞋或雨靴；表演系列旗袍时，为模特配置同样的项链或同一风格的首饰，这样会增加系列服装的整体感觉，增强观赏效果（图 5-16、图 5-17）。

图 5-16

图 5-17

（5）模特的自身条件：选择饰品时，还要考虑模特的条件，通过佩戴饰品可以弥补模特的不足。

①颈部较长的模特，可以通过佩戴两三串项链，掩盖颈部过长的缺陷，从视觉上使人感觉颈部变短（图5-18）。

②方下颏的模特，通过佩戴长耳环，给人拉长头部的感觉（图5-19）。

③尖下颏的模特，可以通过佩戴有吊坠的耳环，给人下巴变方的感觉（图5-20）。

作为服装模特应该清楚，在表演中饰品不可喧宾夺主，不能使饰品成为人们关注的重点，而应该突出强调所展示的服装的个性与特点。

图5-18

图5-19

图5-20

（二）道具

道具是指服装表演中模特使用的物品或在舞台上为模特表演而摆放的物品。根据道具的使用方式可分为动态道具和静态道具。常见的道具有包、伞、眼镜、扇子、桌子、椅子、摩托车、汽车等。

道具已成为舞台表演画面的构成元素之一。合理地将无生命的道具与模特的动态表演结合在一起，不仅能增添演出的气氛和情调，还能使观众产生联想，促进设计师、模特和观众的感情交流；在表演中使用道具、借助道具可以把服装的总体感落实到特定的场景、特定的氛围之中；利用道具可以点缀与烘托表演的气氛；道具运用合理，往往使服装表演产生戏剧性、艺术性的效果，增加可观赏性。

选用道具时要考虑：道具和服装的协调性；模特的表演姿态和道具的配合；表演场地的空间能否满足道具的摆放，并达到预想的效果；使用道具后演出效果是否提高。

1. **动态道具的运用** 动态道具是指模特可随身携带或可随模特运动的道具。

（1）包的运用：由于包的大小、款式不同，模特表演时的携包姿态也各不相同。包的种类有手提包、手拿包、背包、旅行包等，可将其分为背、拿、挎、提等几种形式。在表演中，包的使用可以使服装更生活化，使表演更贴近自然，同时也可以起到装饰作用。

①精致的手包：手包体积较小，顾名思义是人们常常拿在手上的包，可以把手指放在包的底部或上部的中央位置；拿包时，要注意四根手指伸长并轻轻抓住手包，不要握成拳头状；行进时，可以边走边自然摆动，也可以将包放于身体前面小腹以上的位置，会给人舒适而优雅的感觉（图5-21）。

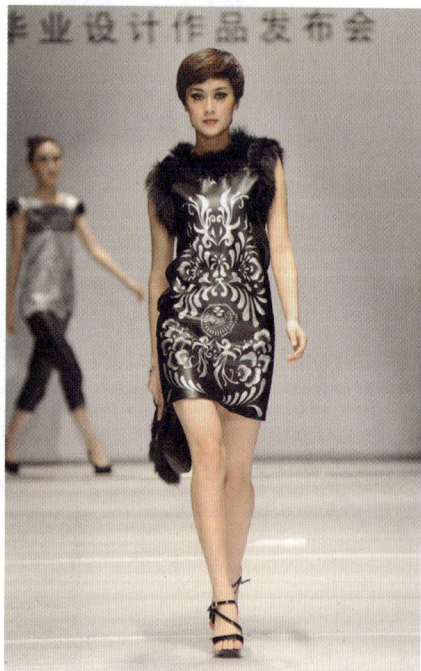

(a)   （b）

(c)　　　　　　　　　　　　　　(d)

图 5-21

　　②灵巧的小提包：模特要注意提包的姿势，行走时不要让包过分晃动，否则会给观众留下浮躁、轻率的印象。做造型时，如果单手提包，要注意强调手臂肘部和胯部的表现力度，可让包自然优雅地垂在腿的外侧或腿前，或将包搭在肩膀上，或单手提包放在另一只手臂上，这个造型可夸张地表现出包的款式、面料、颜色及形状（图 5-22、图 5-23）。

(a)　　　　　　　　　　　　(b)

图 5-22　　　　　　　　　　　　　　　　图 5-23

③休闲的大提包：比起灵巧的小包来说，这类包的体积相对较大，给人以休闲的感觉。模特可以采用表现服装和披肩的方法，增加手臂的动作。可单手或双手提包，要注意手臂的肘部和胯部的力度感，让包垂在腿的外侧或腿前；可单臂弯曲，把包挎在手臂的肘部，手腕自然摆放在腹部或将小臂竖起并手腕向上（图 5-24、图 5-25）。

(a)

(b)

图 5-24

图 5-25

（2）灯笼的运用：在展示古代服装的表演中，灯笼常被作为道具使用。灯笼有手提和挑杆两种，可以低垂、可以高挑。进行多人组合造型时，最能丰富舞台场景、强化古典服饰的视觉艺术感受、增加舞台表演的戏剧性和观赏性（图 5-26）。

（3）扇子的运用：扇子是舞台表演中常用的道具，具有很强的装饰作用，展示旗袍时适度运用能强化和突出女性的美。扇子的种类很多，有折扇、团扇、晾扇、编织扇、蒲扇、芭蕉扇等，质地有羽毛、绢、纸、绸、竹、香蒲、蒲葵叶等。模特在运用扇子时，可选用折扇、晾扇等，但要注意扇形、扇面、扇体的材料与服装之间的搭配（图 5-27、图 5-28）。一般展示中国传统服装或者具有中国古典元素的服装时经常使用扇子。例如，

图 5-26

图 5-27

(a)　　　　　　　　　　　　(b)

图 5-28

2017 年春夏巴黎时装周上 Heaven Gaia 盖娅传说女装发布，服装以圆明园为整体设计的灵感来源，模特们身着精美、端庄、秀丽的具有浓郁中国传统元素的服装，手执各种形状的团扇，淡淡的水墨风，中国古典式的花鸟虫鱼，宁静与平和中渗透着中国传统之美。

（4）伞的运用：在人们日常生活中，伞是防晒、防雨的日用品，在舞台表演中，又是一件具有民族特色的装饰物。一般展示中国传统服装或具有民族特色的服装可以使用中式油纸伞作为道具，而展示具有欧洲宫廷元素的服装时可以借助欧式贵妇伞来突出效果。一把精致的长柄雨伞则曾经是英国绅士的标配，所以展示复古英伦风的服装时可以使用长柄雨伞作为道具。例如，2016 年纽约时装周的 Thom Browne 秋冬男装发布上男模手持灰色长柄雨伞，与身上的灰色西装和礼帽和谐统一。2015 年中国职业模特大赛展示礼服环节，每名男模都身穿西装、手持黑色长柄雨伞出场，契合了大赛的英伦主题。服装模特在表演中可单手或双手拿伞、可把伞杠在肩上、可单手扶伞、可转动伞等，但在表演时要注意安全，以免碰伤他人（图 5-29）。

(a)　　　　　　　　　　　　　　　(b)

图 5-29

　　（5）眼镜的运用：眼镜是服装表演中常见的道具。在做动作时，模特要注意手的姿势。一方面在优美潇洒的表演中尽量不要让手遮住眼镜；另一方面还应注意表演的节奏。表演行进中模特可以边走边展示，也可以不做任何动作，只是把眼镜戴在头上到达台前展示区。戴眼镜时，可用双手、也可用单手，手臂要抬起，把镜腿推直戴好后，头微微抬起。当要把眼镜摘下来时，手心朝外，以拇指、食指、中指合力捏住镜腿，将眼镜摘下，并顺势将其或挂在脖子上，或拿在手上，或用一只手轻扶眼镜，将眼镜的正面朝向观众（图5-30）。

(a)　　　　　　　　　　(b)

(c)　　　　　　　　　　(d)

图 5-30

（6）球拍的运用：穿着运动装时，模特可根据所着不同运动项目的服装选择携带对应的球拍、球棒等物品上场。模特做连续或静止的动作造型可表现运动中常见的动作。挥舞、高举球拍等可表现运动中的动态；搭在肩上或轻轻垂放在体前、体侧的地下并将两脚自然交叉，可表现运动中暂时的轻松与惬意（图 5-31）。

(a)　　　　　　　　　　　　　　　(b)

图 5-31

（7）手机：现在手机已经成为人们生活中衣食住行都离不开的一个通信工具，从通信到娱乐、从购物到拍照都离不开手机，随时随地拿出手机自拍已经成为一种潮流。所以很多体现休闲随意、或者度假感觉的服装表演，模特都会拿出手机边走秀边打电话或自拍。例如，米兰时装周上 Dolce & Gabbana（杜嘉班纳）2016 年春夏发布会，模特一手持手机，一手提着购物袋犹如走在意大利街头的游客，不时停下自拍，而且模特们在谢幕时，全部拿出手机尽情自拍，并直接传到现场的大屏幕上，之后直接出现在 Dolce & Gabbana 的官方社交媒体上。2015 年 Jean Paul Gaultier（让·保罗·高缇耶）春夏女装发布会上，模特也同样拿着手机或是打电话或是自拍。

（8）其他：展示职业装时，模特可手拿文件夹或报纸；展示泳装时，模特可手拿沙滩球或毛巾，还可手拿或佩戴游泳眼镜、太阳镜；展示动感活力装时，模特可手拿滑板或颈上挂着耳麦，还可以骑自行车、滑板车、平衡车等（图 5-32~图 5-34）；展示户外服装时，模特可以手拿着登山杖、身背登山包等。

总的来说，舞台道具的设计风格应和布景、灯光、服装的风格是一致的。例如，Chanel 2014 年秋冬发布为了配合超市主题，舞台设计成了一个超级市场，模特们或提着

图 5-32

图 5-33

图 5-34

购物袋，或挽着购物筐，或推着购物车，悠闲地走在秀场上。

2. **静态道具的运用**　静态道具是指摆放在舞台上不动的道具。静态的道具通常摆在表演台上作为表演台背景的一部分。

（1）摩托车、汽车：摩托车、汽车是车模赛事舞台的主体，模特要用自然、舒展的体态在车的不同部位做出相应的造型，使人与车融为一体（图5-35）。

图 5-35

（2）沙滩伞、椅子：表演泳装时，模特可手拿游泳圈或佩戴游泳眼镜。在沙滩上坐立时，也可以借助沙滩椅演绎沙滩休闲装的浪漫、舒适与惬意。

（3）其他：道具是多种多样的，在服装表演中除了上面讲到的道具之外，在场地允许的条件下，还可将楼阁亭台摆在舞台上，或者直接选用外景做服装表演场地。合适的道具均可发挥其独特的作用，产生良好的舞台表演效果。例如，古装表演时，模特可以怀抱琵琶倚坐在古风古韵的亭台小楼上，职业装表演时，模特可端坐在办公桌前或穿梭行走在办公楼写字间等。

小结

1. 在服装表演中，常用的音乐有：古典音乐、乡村音乐、摇滚音乐、电子音乐、rap & hip-hop、丛林乐、新时代音乐等。

2. 表演音乐除了要与服装风格一致以外，还必须具备：主题联想空间大、节奏明确，最好选择以器乐演奏为主的纯音乐。

3. 在服装表演中使用饰品时要注意：与服装风格相协调、与服装内涵相匹配、与服装色彩相调和、与系列服装相统一以及与模特条件相吻合。

4.道具是指服装表演中模特使用的物品或在舞台上为模特表演而摆放的物品。根据道具的使用方式可分为动态道具和静态道具。

思考题

1.怎样选择服装表演音乐?

2.在服装表演中应怎样运用旁白?

3.服装表演所用饰品的含义及目的是什么?

4.使用饰品应注意哪些事项?

5.怎样理解动态道具和静态道具?

6.举例说明道具的作用。

舞台美术设计

课题名称：舞台美术设计

课题内容：舞台美术设计概述

服装表演场地的选择

舞台装置

场地规划及平面图的绘制

课题时间：20课时

教学目的：使学生全面了解服装表演舞台美术设计的过程，并能掌握相关的设计原则和方法。

教学方式：以教师讲授为主，同时选择一些恰当的范例对学生进行理论联系实际的引导。

教学要求：1. 了解舞台美术设计的目的、意义。

2. 掌握场地选择的三大要素及不同表演场地的优、缺点。

3. 掌握舞台设计应考虑的因素及各种伸展台的特点。

4. 掌握造型台的特点。

5. 掌握舞台背景的设计原则及背景的分类和特点。

6. 掌握舞台灯光的布局、分类及作用。

7. 了解灯光的具体应用。

8. 了解后台的布局及设计原则。

9. 掌握场地规划的原则及平面图的绘制方法。

第六章 舞台美术设计

一、舞台美术设计概述

舞台美术是舞台表演艺术的一个组成部分，也是舞台演出中的造型艺术。舞台美术从属于表演艺术，它不能离开表演艺术而独立存在和表现。舞台美术具有多样性、综合性，它使表演艺术更为形象、丰富、生动。

服装表演的舞台美术设计主要是指舞台背景、台面、周围环境的装饰与舞台造型设计。通过舞台美术设计和灯光的运用、音乐的选择等手段，可以创造出一个富有艺术感染力和艺术个性的表演氛围。表演氛围建立后，就可以有计划、有目的、有组织地将服装展现给观众，从而让观众更充分地接收服装信息。在进行舞台美术设计时，要以突出服装风格为原则。具有吸引力的舞台美术设计，不仅可以突出表现一场服装表演的主题，还可以起到提升演出场所形象的作用。

服装表演的舞台美术设计要从以下三个方面考虑：

一是实效功能：实效功能主要是指舞台表演的空间能否使模特的形体动作和行走路线得以充分展开（还要考虑到使用道具所占空间的大小），同时观众观看的环境是否舒适等。

二是再现功能：再现功能主要是指将模特所表演服装的穿着场合、时间以及设计师的设计理念再次呈现给大家，并通过舞台造型设计、舞台道具的运用等，使模特在情景中对所展示的服装有更深的理解。

三是表现功能：表现功能主要是指表演氛围的营造，要达到表演中的意与境、情与景、形与色、光与影的统一，表现与再现的统一。

服装表演的舞台美术设计过程主要分为以下两个步骤：

一是文案设计：文案设计主要是指根据策划者的要求，结合表演的主题、内容、宗旨，对舞台背景、台面、周围环境的装饰与舞台造型的设计、灯光的运用等撰写文字说明。文案设计完成后，必须经过有关人员的审核、定稿。

二是艺术和技术的设计：主要以文案为依据，对服装表演的空间和平面的布局、舞台背景等进行设计，以效果图或平面图的方式表达出来，并提出施工的具体技术要求。

舞台美术设计结束后，根据演出时间和施工进度等情况，以效果图、平面图及技术要求为依据，策划者和设计者需确定整个设计方案的施工时间，以保证演出的顺利进行。

二、服装表演场地的选择

表演舞台的总体构造取决于演出的类型和场地。在餐厅或茶室举行的非正式表演不需要考虑任何特殊的实地场景，仅仅注意各种演出道具就足够了；大型的时装作品展示则需要对舞台布置和背景效果进行充分考虑。例如，在某个商业中心表演，舞台效果可能会受商业中心实地条件的限制。不同的演出场所会设计出不同的舞台效果，其造型取决于演出场地的大小和容纳观众人数的数量以及演出的目的。

服装表演具有灵活多变的特点。因表演的目的、对象不同，表演场地、环境也会随之发生变化，这就决定了不能采用固定不变的表演模式，而是应该随着条件的变化而变化。其中场地的变化是要优先考虑的一个重要因素，这是因为场地是服装表演的空间条件，它构成了模特与观众的距离和接触关系。所以，场地的选择是服装表演成功的前提。

服装表演场地的选择范围较大，如剧院、会展中心、宾馆、电视台演播厅、商场等地。在选择场地时要考虑以下三大要素：

一是空间。一些大型演出需要搭建大型舞台和配置大型灯光架，这时必须有足够的空间，以满足搭建特殊台型和灯架的需要。

二是电源。大型演出需配置大量的灯具，以满足照明和制造特殊灯光效果的需要，有的电量需求达到成百甚至上千瓦。所以选择场地时，要考虑场地本身或附近是否能解决电源问题。

三是交通。交通也是确定场地必须考虑的一个因素。场地最好选在交通便利的地方，以便观众来去方便。对于已确定的场地选在交通不方便或是路途较远的时候，组织者一定要考虑如何为观众提供交通条件，以保证观看人员的数量。

（一）室内

一般来说，剧院、宾馆、展览馆、体育馆等都可以用作演出场地。下面就其优点及缺点分别加以介绍。

1. **剧院（礼堂）**　剧院是供表演戏剧、歌舞、音乐等的文娱场所，礼堂主要是供开会或举行典礼用的大厅，一般较正式。剧院（礼堂）通常分为舞台和观众席，且舞台部分比较宽敞，所以用来作为服装表演的场地比较适合（图6-1）。

（1）优点：

①舞台灯光设施齐全，能满足服装表演所需的灯光条件。

②更衣室、化妆室能满足服装表演的需要。

③舞台空间大，可根据需要在舞台上搭建台阶、大型硬背景、升降台、运动台等。

④舞台都配有大型的升降帘、升降幕布、天幕灯光等，可以利用这些条件随时改变软背景，制造适合演出的氛围。

(a)   (b)

图 6-1

⑤一般都有演出用的音响设备，可以满足服装表演的需要。

⑥能容纳较多的观众。

（2）缺点：

①无伸展台，服装与观众距离较远。

②如搭伸展台，还需解决伸展台部分的灯光问题。

剧院（礼堂）主要适合进行发布会、专场演出、服装设计大赛、模特大赛及娱乐性服装表演等。例如，1995年"华夏民族魂"大型服饰文艺晚会、1998年"自然颂"天年之梦大型服饰文艺晚会（图6-2），都是在北京人民大会堂举行；第六届"兄弟杯"中国国际青年服装设计师作品大赛在北京保利大厦国际剧院举行；第七届"兄弟杯"中国国际青年服装设计师作品大赛在北京世纪剧院举行；首届中国模特之星选拔大赛在北京世纪剧院举行；1999年中国时装周部分专场演出在北京民族大剧院进行。这些演出利用剧院的优势，都收到了良好的效果。

图 6-2

2. **宾馆**　随着城市建设的发展，各地大宾馆的数量逐渐增多，特别是高档次宾馆都设有多功能厅及馆内大厅等，这些都为服装表演提供了可选择的场地（图6-3）。

（1）优点：

①环境幽雅、设施齐全、服务周到，为前来欣赏服装表演的人们创造了一个良好的观赏环境。

②交通条件非常便利，观众来去方便。

(a)

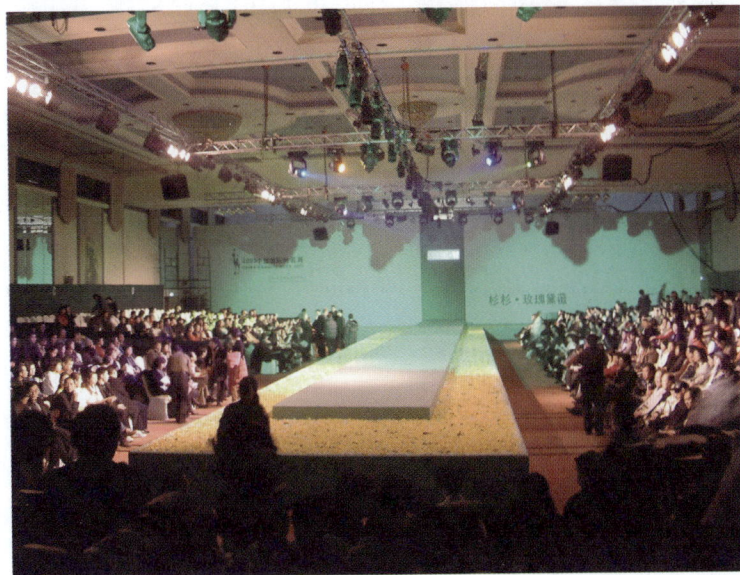

(b)

图 6-3

③为需要解决食宿的赛事（服装、模特比赛）活动，提供优良的食宿条件，同时解决了比赛与住宿分开带来的诸多问题。

④基本能解决灯光和音响问题。

⑤宾馆内部有多处可选作表演场地，如多功能厅、大会议室、馆内大厅（图6-4）、过道（图6-5）等。

图 6-4

图 6-5

⑥宾馆的一些设施可用作演出背景，如观光楼梯（升降）、旋转楼梯等（图6-6）。

（2）缺点：

①除宾馆内的多功能厅，一般均无伸展台，若使用伸展台需临时搭建。

②除宾馆内的多功能厅，其他场地需补充灯光。

③一般不适合制作较大的背景。

④化妆间、更衣间可选择的空间较小。

服装设计比赛、模特大赛、娱乐性演出适合选择宾馆。例如：2012IMTA国际模特达人中国大会暨中美超级模特大赛中国总决赛在北京四季御园国际大酒店举行；第二届、第三届中国服装设计师生作品大赛是在广州远洋宾馆、远洋酒店举行的；东北电力

(a)

(b)

(c)

图 6-6

大学艺术学院多次在酒店和宾馆举行服装设计专业、服装表演专业教学成果的动态展示活动。

　　3.电视台演播厅　市级以上电视台都设有一定规模的演播厅，一般演播厅也可作为服装表演的场地。

　　（1）优点：

　　①可进行现场直播，具有新闻效应，有利于广告宣传，易拉赞助商。

　　②观看人员多，覆盖面广。

　　③灯光、音响、舞台美术效果好。

（2）缺点：

①电视台演播厅管理严格，使用时会出现不方便之处，而且费用较高。

②对模特的要求高。拍摄时设置的机位较多，会将全场模特都收入镜头，有时会做局部放大制作特写镜头，这就要求模特不能有一丝差错。

服装设计大赛和模特大赛的总决赛暨颁奖晚会、流行趋势发布会等适合选择电视台演播厅。例如，2013 年"CCTV 网络模特大赛"是在中央电视台演播大厅举行（图 6-7）；此外，2014 年第九届"亚洲超模大赛"总决赛也将场地选择在广西电视台演播大厅（图 6-8）。

图 6-7

图 6-8

　　4. 展览馆（会展中心）　目前，我国一些大中城市都建有规模较大的展览馆或会展中心。馆中设有封闭的馆中厅，展览大厅的空间较大，馆中有很多位置可作为服装表演场地（图 6-9～图 6-11）。

图 6-9

图 6-10

图 6-11

（1）优点：

①前来观看的人员多（展览会期间）。

②服装距观看人员近。

③展览馆有一定的空间，可搭建较大的表演台。

④有充足的电源，能解决用电问题。

（2）缺点：

①需临时搭建表演台和布置灯光。

②无专用化妆室，需设临时化妆室。

③如在大厅演出，人员流动性大，秩序较乱。

展览馆（会展中心）主要适合在展会上进行企业品牌发布、个人专场演出等。例如，中国国际服装服饰博览会就多次在北京国际贸易展览中心进行，很多厂家在展览期间举办专场演出。

5.体育馆 对于场面大、观众多、强调热烈效果的服装表演，可选择在体育馆举行。

（1）优点：

①容纳观众多，有利于广告宣传，易拉赞助商。

②演出可利用的空间大，适宜搭建各种形状的表演台和大型背景。

③演出场面大，壮观、热烈。

④适合使用大型道具。

（2）缺点：

①表演台、灯光都需重新解决。

②观众距服装远，看不清服装效果。

体育馆主要适合于服装节的开幕式或闭幕式以及综合性的文艺演出（含服装表演），同时场面较大的服装大赛、服装模特大赛的颁奖晚会也可选在体育馆举行。车模大赛用汽车做道具的时候，应选在体育馆举行。例如，2017年中国（广州）国际模特大赛全国总决赛在广州花都体育馆举行；2015年，"新丝路"模特大赛湖南赛区总决赛在汝城体育馆举行（图6-12）等。

图6-12

6. **商场（室内）** 较大型的商场一般都有室内广场，普通商场也都设有大厅或一定的多余空间，这些都可选作服装表演的场地。

（1）优点：

①观众不需请，直接到场。

②观看者多数为消费者，有利于促销。

③对表演台和灯光要求不高，随意性强。

④服装和观众距离近，观众可清楚地欣赏服装。

⑤现场适宜做广告（非服装方面的广告）。

（2）缺点：

①需临时搭建表演台和设置必要的灯光。

②维持秩序难度大

在商场举行的服装表演主要是商家为促销举行的一种活动，这种活动目前较为常见，它可以直接为商家带来经济效益。现在，有的区域性服装设计比赛或模特比赛也有设在商场举行的。例如，2017年第16届精功（国际）模特大赛南宁赛区决赛在"南宁青秀万达广场"所举办，此种方式一方面可以提升赛事的社会关注度以及比赛的透明度，另一方面也可通过商场平台得到品牌商们对于赛事的赞助支持。与此同时，在商场举办比赛时，演出的策划者或组织者也可设计赞助商的广告，植入在演出的舞美或显眼的地方，以此表示感谢（图 6-13）。

图 6-13

（二）室外

1. **体育场**　体育场举行服装表演的优点与缺点和在体育馆举行基本相同，不同的是受到天气的制约。计划在体育场进行大型服装展示时，一定要和气象部门联系好，做好天气预测。很多城市都选择在体育场举行综合性文艺演出，如大连国际服装节、宁波服装节的开幕式与闭幕式。

2. **商场（室外）**　大型商场的室外一般都有较大的广场。广场流动人员多，服装表演选在这里进行，会对产品宣传和促销产生好的效果，很多厂家也正是看好这一优势进行产品的宣传（图 6-14）。

3. **广场**　城市的广场也可用作服装表演的场地，它的优点和缺点基本与体育场、体育馆相同。但有一个问题，就是对观众秩序的维持有一定难度，很难调控观看人数。因此，在广场进行服装表演，要事先做好多方面的准备，要规划一定的区域以便管理。例如，法国著名时尚品牌 DIOR 在其 2016 年春夏高定发布会中，将演出舞台搭建在卢浮宫的中央广场，利用蓝色飞燕草形成一座花山（图 6-15）。由于地处地标性建筑附近，同时广场空间较大，提升了媒体与观众的关注热情，与此同时也让发布会的主题性得到很好的诠释。

(a)

(b)

图 6-14

图 6-15

4. 度假村（度假山庄）　目前，国内建有很多风格不同、环境优美的度假村（度假山庄）。度假村的自然风景美丽，远离城市的嘈杂和喧闹，使人感受到乡村的寂静，给人带来高级宾馆的享受。在这种环境里观看服装发布会能让人浮想联翩、好奇心顿起，收到意想不到的效果。度假村适合举行品牌发布会或招待类型的服装演出。

2006 年 6 月 13 日，白领公司的"境界"原生态实景发布会在位于北京市远郊的密云——白领 Fashion House 山庄举行。本次演出受到了 2006 年亚洲时尚大会中国会以及与会人员的一致好评（图 6-16）。策划者利用山体的 109 级台阶作为 T 型台，模特从台阶走下，使人感觉如天使降临到人间一般。

2017 年 4 月 23 日，国内设计师品牌 XG 在著名旅游胜地厦门环岛路的观音山沙滩举办了品牌 2017 年秋冬系列发布会，本场演出根据度假这一主题，通过自然环境的沙滩、海水、船以及植被，形成了自然美感与服饰美感的完美结合，实现了演出的主题展现以及品牌的推广。

图 6-16

5. 游船　在游船上进行服装表演是一种既有诗意又浪漫的形式。海鸥飞过，浪花朵朵，模特与海浪共舞，夺人眼球的场景令人心潮澎湃。

2015 年第八届中国（厦门）国际游艇展·游艇模特大赛在厦门举办（图 6-17），比赛场地选择在一艘私人游艇上。举办多届的比赛，已将游艇作为主要的舞台与宣传方式，并形成了一定的影响力。而在 2011 年大连也举办了国际游艇模特大赛。

图 6-17

6. **著名建筑物（历史文物）**　在著名建筑物（历史文物）前举办服装表演，能够品味历史文化，演绎现代时尚，让历史的文明和时尚文化碰撞，给人以耳目一新的感觉。

最早以著名建筑物为背景作秀的是皮尔·卡丹先生，20 世纪 80 年代末，他在北京做了"太庙秀"，随后在国际四大时装周以及中国国内出现了诸多形式的服装表演选择以历史文物建筑或著名地标性建筑作为演出的地点。例如，2007 年意大利著名时装品牌 FENDI 选择在北京"八达岭长城"举办时装秀（图 6-18）、法国著名时尚品牌 CHANEL 的多次新品发布会选择在法国巴黎地标性建筑"巴黎大皇宫"举办（图 6-19）、法国奢侈品牌 Louis Vuitton 2018 早春系列发布会选择在日本京都的美秀博物馆举办（图 6-20）。

图 6-18

图 6-19

图 6-20

　　总之，服装表演地点可选择的范围较广，并有一定的灵活性，但最终确定还要以达到演出目的为原则。

三、舞台装置

　　舞台装置是指为舞台构建某一环境和引起舞台幻觉而进行的装饰，包括舞台灯光、舞台造型以及活动舞台的设计。在服装表演范畴中，舞台装置主要包括舞台、背景、灯光三个部分。舞台装置设计要根据所展示的服装主题进行设计，从而创造出与服装主题相呼应的艺术氛围。

（一）舞台

确定服装表演场地是对表演大环境的选择，在这个大环境确定之后，还需要进一步确定具体的台型。服装表演的台型多为伸展型，这种台型可使观众在舞台的正面、侧面均能观看演出。具体台型的确定要根据表演的类型和主办方的经济实力来考虑。确定台型是在明确表演的具体环境，也是在确定模特展示服装的实际空间。

服装表演台通常称为天桥，它可分为有高度和无高度两大类。无高度表演台是在平地界定出一个区域作为表演台，通常采用观众坐席形成台型，其制作简单，使服装与观众距离更贴近。这种方式在国外常见，国内使用得较少，所以本书主要针对有高度的台型进行介绍。

服装表演的舞台一般应包括两个部分：一部分是舞台，另一部分是伸展台。舞台通常是模特上下场的背景区域，伸展台是舞台的延伸部分，一般伸向观众（图6-21）。根据表演的需要及具体条件，舞台部分可以设计成大型建筑模型、特殊的舞台造型或景区(图6-22)。

图 6-21

图 6-22

伸展台的最大优点是比传统舞台更具有亲和力。因为使用伸展台能使更多的观众接近模特，这样观众就更容易看清服装的款式、面料及色彩等。同时，由于伸展台是向观众开放的，即模特与观众处在同一空间，观众可以获取演出的参与感。

舞台设计可根据服装表演的需要或现场条件的不同而有所改变。因此，服装表演编导应当熟悉舞台及伸展台的布局，对舞台的整体规划有一个大体了解及直观的感受，对场地的大小以及更衣室到舞台的距离要做到心中有数。这样有助于编导设计表演区域和把握模特上下台的时间。

1. 设计整体舞台时要考虑的几个因素

（1）表演时间：模特在舞台上表演时间的长短直接影响表演的效果。从出场到整个的行走过程，模特都应该充分展示服装，让观众有欣赏服装和观看模特的时间。但这个时间也不能太长，以免使其觉得冗长无趣。舞台的宽度、伸展台的长度对此能产生一定的影响。在模特走台线路不变的前提下，舞台的宽度越宽、伸展台的长度越长，模特在舞台上表演的时间就越长；反之，模特在舞台上表演的时间就越短。所以，舞台的宽度、伸展台的长度和演出的时间有着直接的关系。一般来说，若表演的风格是简洁随意的，那么更适合用长伸展台作为演出的舞台；若表演的风格是刻意设计型的，则更适合使用较宽的舞台来表演。

（2）更衣室到舞台出入口的距离：在设计舞台时，还要考虑出入口到更衣室的距离，因为这一距离的远近将影响到模特的返场速度。设计人员应该搞清楚现场布局，了解舞台和更衣区的实际距离。尽量将更衣区设置在紧邻舞台的区域，以便缩短往返距离，方便模特换装。特殊情况下，还可以利用屏风、桌子及龙门架，在后场区开辟一个角落作为后台更衣室。这样可以避免由于从更衣室到舞台之间的距离过长而造成的额外时间损失。

（3）现场观众的可视角度：服装表演的目的是让观众全方位观看服装，从而达到欣赏服装的目的。设计舞台时要注意的一个细节，就是现场观众的可视角度。无论从哪个角度，观众都应该能够看到模特的表演，这一点非常重要。伸展台和观众坐席的角度、现场的各种柱子、幕布等都要注意。在舞台上使用植物作为装饰，可以给人一种自然、朴实的感觉，但要注意不能让植物挡住观众的视线，要使植物既起到装饰舞台的作用，又不影响观看表演。

（4）道具、背景板和舞台造型与场地的关系：演出中如果使用大型道具、复杂变化的背景或者有特殊的舞台造型等，设计者要考虑场地的面积和空间是否允许。

（5）灯光设备：要考虑场地已有的灯光设备或临时租赁的灯光设备能否满足舞台照明设计的需要。

2. 设计伸展台应考虑的因素

（1）伸展台的高度：伸展台高度的确定与演出场地的具体条件有关。伸展台的高度应该以恰好能使观众轻松地观看到表演为宜，要避免因伸展台过高而使观众观看吃力。一般情况下，较为理想的伸展台高度是450~900mm。在较小的空间里举行的服装表演，伸展台高度一般在 200~250mm。但也有一些例外的情况，如在剧院举行服装表演时，伸展台高度要和已有舞台一致，所以一般要把伸展台增高到 900~1200mm。

（2）伸展台的长度：设计伸展台的长度时，要考虑以下几个方面的问题：

①演出的规模、风格。

②演出的服装数量。

③参加演出的模特人数。

④场地的大小、坐席的形式。

⑤搭建伸展台所用的材料规格。

伸展台通常由 2400mm×1200mm 的拼块构成，所以伸展台的尺寸一般是拼块尺寸的整数倍。典型的商业性服装表演伸展台的长度为 10000~12000mm，这种长度可以给模特有足够的空间展示服装。

（3）伸展台的宽度：设计伸展台宽度时，除了要考虑演出的规模、风格、演出的服装数量、参加演出的模特人数、场地的大小、坐席的形式、搭建伸展台所用材料的规格等外，还要考虑是否使用大型道具，若使用大型道具，舞台的宽度就要适当加宽。此外，还要考虑在伸展台上设立造型区（图 6-23），可采用局部加宽的形式。

图 6-23

伸展台的宽度决定了在特定时间内同排出现在台上的模特数量。宽度是 1200mm 时，只能满足两个模特并排行走；宽度为 1800mm 或 2400mm 时，可供 3~4 个模特同时并排行进，增强了表演的视觉效果。

（4）伸展台的形状：伸展台可以不受思维的局限设计成各种各样的形状，但也有制约的因素。影响伸展台形状的因素主要是演出场地的大小以及现场的灯光条件等。要根据演出的需要结合表演场地的大小和灯光等具体条件确定表演台的形状。不同形状的伸展台有其各自的优点。

①T型台：T型台是在服装表演中最常用的一种台形，也是一种最简单的伸展台形状。T型台是由舞台和所延伸出来的部分组合而成的（图6-24）。模特从舞台上场或离场时，可直接沿着所延伸出来的部分展示服装，T型台的主要优点是造型简单、便于安装，编排方便、准备时间短，视觉开阔、亲和力强，适合设计师发布会、商场促销表演等形式的服装演出。

图 6-24

②I型台：I型台是由T型台演变而来的一种表演台（图6-25）。I型台的设计是在T型台的基础上又增加了一个平台，平台和舞台是平行的，可以让模特有更多的时间在台上展示，而且更加靠近观众，以一种更具吸引力的方式把服装展示给观众。

图 6-25

　　③X 型台：也被称为交叉型舞台，由于形式特殊而令人着迷（图 6-26）。X 型台由两个平台构成，平台之间的夹角根据场地的宽度和具体需要而确定。X 型舞台可用舞台连接。若不用舞台连接，模特可从 X 型台的四个方向上下台（其中两个在观众席方向）；若模特从观众席的入口上台和退台，可使他们与观众的距离更加接近，演出的效果会更好。

图 6-26

　　④H 型台：由三个直线伸展台连接成字母"H"的一种表演台（图 6-27）。这种表演台的优点在于可以使几组模特同时出现在表演台上，以增加演出的趣味性，引起观众的兴趣。这种台形特别适合较大型的演出。

图 6-27

⑤Y型台：与U型台十分相似（图6-28），Y型台是由基础延伸台延伸出两个有一定角度的伸展台，这个角度与场地和具体需要有关。在使用Y型台时，要注意灯光是否能够满足需要。这种舞台形状也非常有吸引力，它可以使表演的形式更加灵活多样。

图6-28

⑥Z型台：Z型台或是折线形舞台是一种既简单又复杂的形式（图6-29）。这种台形有助于设计多种走台线路及步伐。模特可以通过转体或改变方向，从多个角度有效地展示服装。

图6-29

⑦ "组合"型台：是在舞台或伸展台的基础上，在其前、中、后位置装置一个或几个方形、圆形或其他几何形状的台面，其高度与伸展台的舞台高度相同（图6-30），使模特在上面有足够的展示空间站立或转身。几个小型台之间有通道，有的模特在小型台上做造型，有的继续在其他位置上行走，形成动静结合的效果。

图6-30

⑧其他：如土型台、U型台、折线型台等。这些台型结构复杂，观众席区域多，观众视觉点多，模特表演时展示空间更大，但制作较为复杂（图6-31）。

(a)

图6-31

(b)

(c)

图 6-31

（5）伸展台的表面材料：对伸展台表面材料的选择也是设计者需要考虑的一个重要因素。地毯或其他防滑材料有助于保护模特及模特所穿的鞋子，表演起来也很方便。所以，普通的演出选用得较多。根据演出效果的需要，伸展台的表面材料也可选择建筑装饰材料或是褶皱织物，化学纤维织物也可以用于表演台的表面和侧面。

当表演台表面材料选用较光滑的材料时，编导人员要安排一定的时间让模特适应场地。

3. **造型台**　造型台是指将服装表演台（包括伸展部分）设计成高度不等（如台上设有台阶、坡道或某种造型等）并具有一定形状的表演台（图6-32）。造型台根据其功能又可分为静止台、运动台和复合台三类。

图 6-32

（1）静止台：静止台是指台形确定后，演出时舞台各部位都固定不动的表演台（图6-33）。

图 6-33

（2）运动台：运动台是指舞台局部或整体根据演出效果的需要可以升、降或横向可以移动或自身回转的表演台。它的使用可以活跃演出气氛，提升演出效果。一些大型演出选用较多（图6-34）。

(a)

(b)

图 6-34

（3）复合台：复合台是由静止台和运动台复合而成的舞台。一般的大型服装表演，为了增强演出的艺术效果，在经济、场地条件允许的情况下，往往把表演台设计成复合台，如图6-35（a）所示为正在上升的运动台，图6-35（b）所示为已经升到位的运动台。

(a)

(b)

图 6-35

（二）舞台背景

舞台背景是表演台的一个组成部分，也可以说是表演台不可缺少的一个道具。它将表演台前后隔开，形成前台和后台。由于模特要在背景处出场和返回，因此背景设计得如何，直接影响到演出效果。

利用背景板可以做宣传、广告，如主板上可以标示出演出的主题，两边侧板可以标示出主办单位及赞助商名称等。但要注意，不能把背景板设计得太花哨，更不能喧宾夺主。对于要求热烈的场面，可将风光片、着装效果录像、字幕及与主题有关的一些影像，利用投影仪或 LED 打在背景上，以活跃表演的现场气氛，增强艺术效果。这一手法适用于发布会、专场演出、文艺活动等类型的服装表演。

1. **设计舞台背景的原则**　设计舞台背景时，既要讲究艺术性，又要注重实用性。

（1）标题要醒目，要用醒目的标题来突出主题。

（2）造型要简约，背景造型一般以简约为主（特殊演出可设计得复杂些）。

（3）色彩要柔和，宜选择纯净的素色，即使为衬托服装采用强烈反差效果的色调，也要注意不能与服装"抢戏"。

以上原则是为了突出服装作品，创造一种与服装表演的格调、目的相协调的舞台气氛。特别是在服装设计比赛时，更要强调这几个原则。

2. **设计舞台背景的几种创意**

（1）用没有任何装饰的背景来突出服装。

（2）用戏剧性的道具强调服装主题和独特类别。

（3）舞台背景采用设计师、零售商或者生产厂家的标志装饰（图 6-36）。

（4）采用背景来反映整个表演的主题（图 6-37）。

3. **舞台背景的分类**　舞台背景常见的形式为板式，也有不同的造型背景。舞台背景根据用料的不同，可分为以下几类：

（1）硬背景：硬背景是指用硬质材料制作的背景。常见的主要是直板式风格，也有利用较大场地设计一些造型的硬背景。也常用在有伸展台的 T 型台上，又可分为以下几种形式。

①固定式：指背景板位置确定后各部分都固定不动。

平板式：单一颜色或加图案（图 6-38）。

立体式：建筑的模型或建筑的抛面（图 6-39）。

②可动式：指背景板根据设计要求在表演过程中可以运动。根据背景板运动的形式，又可分为翻转式、旋转式、对开式、往复式等。

翻转式：背景板局部可以翻转（图 6-40）。

(a)

(b)

图 6-36

(a)

(b)

图 6-37

图 6-38

图 6-39

(a)

(b)

图 6-40

旋转式：背景板局部可以旋转（图6-41）。

(a)

(b)

图6-41

对开式：背景板局部由两块可动板组成（图6-42）。

(a)

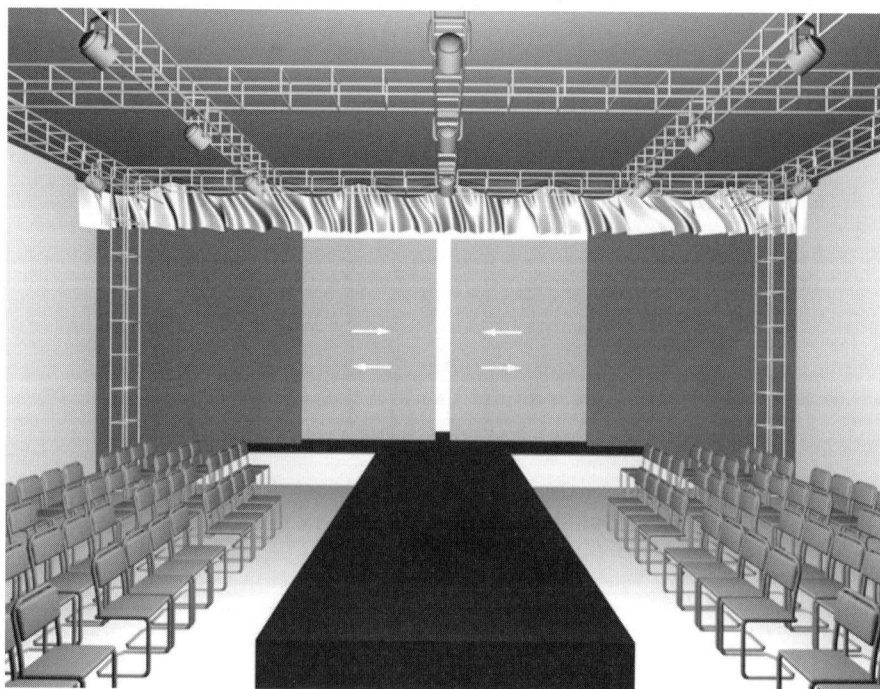

(b)

图6-42

往复式：背景板局部可以做往复运动（图6–43）。

(a)

(b)

图6–43

目前，将LED大屏幕和高流量大投影用于背景上的较多，使用这种背景往往使场面显得宏大、壮观。

（2）软背景：软背景是指用软质材料（透明、半透明或不透明）制作的背景，一般由天幕（最后一道幕）和背景幕（侧幕条）构成。背景幕可根据需要设定层数，在表演中进行升降。软背景适合作投光、投影幕，多数在大剧院里表演时使用。

（3）综合式背景：为增加演出的艺术气氛，在舞台空间允许的条件下，可设置综合式背景。综合式背景由硬背景和软背景组合而成。这种形式在搭建时较为复杂且成本较高，一般在大型演出时使用。

舞台背景和背景图案的内容取决于服装表演的类型和最初的预算。一场服装表演可以只用一个背景，也可以在演出的每一个阶段分别采用精心制作的不同背景。装饰性物品作为舞台背景设计的一部分，可以用来突出主题和增强气氛。

4. 不同场地的背景设计

（1）室内的舞台背景：如果演出的场地在室内，那么舞台背景常采用固定的屏风式和可以转动的门板式。在舞台的后区，可以采用左右各一片或者两片屏风对称的立体舞台背景，也可以采用左边一片、右边两片的不对称形式，与天幕配合显示出舞台的伸展效果。屏风的造型有直线形、圆弧形，还可以加入圆柱等造型。模特的出台口可以根据屏风的装置和门板的开合，设在两边或后台中间。前一节介绍的背景都是以室内为主的。

（2）室外的舞台背景：如果在室外进行服装表演，舞台可以借助富有动感的实景和自然景观作为背景，如灯火辉煌的高楼大厦、植物与喷泉、山丘树木、高山湖泊等。吉林市政府门前的演出舞台——江岸广场，就是以江对岸的景观为背景，效果别具特色（图6-44）。2007年"皮尔·卡丹"时装秀在敦煌鸣沙山举行，演出以敦煌鸣沙山为背景，以鸣沙山呈90°角的山脊为T型台，舞台材料采用木板刮胶撒沙子，舞台颜色和环境色调为金黄的沙丘色，此次演出宏伟壮观，震撼人心（图6-45）。

（三）舞台灯光

舞台灯光是利用灯光手段为舞台照明并为人物、景物造型的艺术。其作用是根据不同的演出要求，按照舞台美术设计的构思，运用舞台的灯光设备及技术手段配合演员表演，塑造舞台上的视觉形象。灯光是一种艺术语言，它具有可控性、可塑性。随着科学技术的不断进步，舞台灯光技术也在飞快发展，大量的新型灯光设备和先进技术手段被运用在舞台表演上。

1. 灯光的作用 舞台灯光是服装表演的一个组成部分。一般的服装表演都是在一定的灯光照明下进行的。如果说整场服装表演是一幅画的话，那么"光"就是绘画的主要工具。在服装表演舞台上科学地使用灯光，可以产生以下作用：

（1）突出服装面料的肌理、层次以及服装造型，让服装展现其最佳的一面。

（2）表现模特美丽的容貌、柔滑的肌肤、优美流畅的形体线条。

(a)

(b)

图 6-44

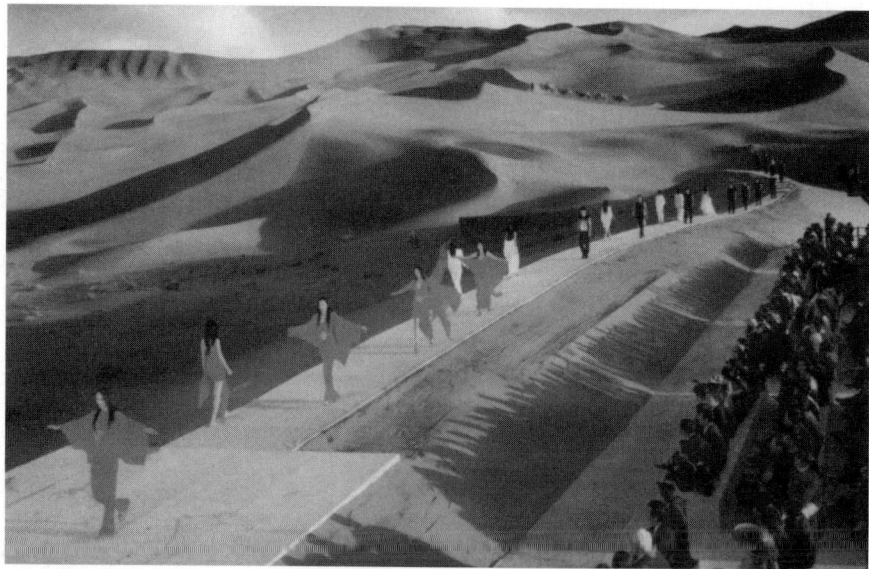

图 6-45

（3）通过光的变化可以分割时间与空间。

（4）利用光的变化还可以控制欣赏者的节奏和想象范围，让时间和空间流动起来，提高欣赏的艺术氛围。

（5）利用灯光还可以突出整个表演主题。

（6）舞台灯光具有很强的表现力，它可以构造情调、形成格调、烘托气氛，起到装饰的作用。

（7）在模特出场之前或演出间隙时，利用装饰性色光来烘托整个演出环境，使人感受到另一个新的环境，从而收到很好的效果。

（8）灯光在服装表演过程中产生指向性，在单独使用追光灯、计算机摇头灯等光源时，可以产生像用手指指点的效果；灯光有方向感和聚焦作用，利用这一特性，在表演过程中可以起到引导、调动观众视线的作用，达到预期的目的。

（9）通过灯光色彩的变化、强度的变化和光线的位移，可以产生动的效果，如将这一效果与服装作品的动感结合起来，效果极佳。

原则上讲，服装表演不宜使用色光，因为色光会改变服装本身的色彩，影响服装的实际效果，特别是服装赛事类的演出更不宜使用色光。但编导为了利用有色灯光提高服装的表现力或增加现场的气氛，有时也会使用。

2. 灯光的布局　灯光的布局一般包括两个演区光和一个特殊效果光。

（1）前演区光：前演区是指伸展台部分，前演区应设有面光、侧面光、逆光、脚光等。

（2）后演区光：后演区是指舞台部分，后演区应设有天幕光、面光、侧面光、逆光和侧逆光等。

（3）特殊效果光：在全场都可使用特殊效果光，特殊效果光主要有追光、激光、紫外线光、频闪光、计算机摇头灯光等。

　　表演台灯具悬挂的位置虽然因场地的不同而有所变化，但一般都设置在对应表演台上方的灯架上或树立在伸展台前两侧（图6-46），因为这样可以满足表演台用光。而观众区的灯光与表演台的灯光完全不同，采用日常照明灯光即可。

(a)

(b)

图 6-46

3. 灯光的分类及作用

（1）天幕光：

①天幕在舞台的最后，由于天幕的面积很大，所以天幕光就是利用大面积色光，使观众随着灯光颜色的变化产生一些联想。例如，红色给人以喜庆、热烈的感觉，蓝色给人以清新、凉爽的感觉。

②天幕光也是背景光，在某个系列或某一个主题结束时起到转换作用，即在某个系列或某一个主题结束时，天幕光是舞台上最后一组变暗的灯光；在某个系列或某一个主题开始时，天幕光是舞台上最先渐亮的一组灯光。

③在天幕上还可以根据服装主题进行投影，如城市建筑、绿色田野等，利用这些投影和服装配合，可以增加直观的视觉效果。

（2）追光：追光是由舞台对面的追光灯射来并跟随演员移动的灯光。追光的主要作用是特写。使用追光时，其他灯光应关掉。追光打到一个或一组模特的全身或模特身体的局部，从而强调服装的特殊效果。追光还具有指向性，它就像用手指指点一样，指挥并调动观众的注意视线。

（3）面光与逆光：面光根据光投射的角度和对着模特的方向，可分为高角面光、低角面光、正面光与侧面光。

正面光是从模特正面平打过来的光；侧面光是从模特侧面平投过来的光；高角面光、低角面光是指在模特的正前方高于 45° 或低于 45° 投射的光。

逆光是从模特背面投射过来的光。在服装表演台上，由于模特走台线路和站位变化的特点，逆光有时也是面光，面光有时也是逆光。

面光是服装表演的主要光。由于光投射的角度、方向不同，照在模特身上都会产生不同的效果。布光的最终目的是使模特不变形，容貌明朗美丽，服装的色彩和质感清晰，而且光线应不干扰模特走台。

（4）其他：

①激光：是一种现代的先进灯具。它可以制造虚幻的、变幻莫测的光流，可以出现线条及各种图案，同时光流的速度也能调整。娱乐性表演可以根据服装主题选择激光图案，以活跃舞台上的表演气氛。

②频闪光：其特点是利用强光的突亮、突暗的强烈对比，使人产生一种刺激的效果。它一般使用在艺术性较强或娱乐性表演中，以令人精神振奋，烘托表演气氛。在使用频闪光时要注意，时间不宜过长，次数不能过多，否则会使人眼花缭乱，影响观者心情。

③紫外线光：照射在服装上可以改变服装的色彩。白颜色的布料，在紫外线光的照射下变化尤为明显。紫外线光造成的这一独特效果，更增添了表演的神秘感。

4. 灯光设计需要考虑的要素　包括光强、光色、光质、光位等。

（1）光强：光强即光的亮度，是指观众可以感觉到的灯光的明暗程度。光的亮度越强，其效果是形象越突出；光的亮度渐暗，其效果是形象渐隐；而"收光"的效果是人与景物淹没在黑暗中。

（2）光色：光色即光的色彩。光色是舞台灯光中最能表现情感的造型要素。光色可以起到对舞台、背板、道具以及服装进行二次着色的作用。

（3）光质：光质即光的性质。根据光的性质，光可分成硬光和软光。利用硬光或软光可以产生不同的造型效果，会给观众带来不同的视觉感应。

①硬光：聚光灯、追光灯、筒灯、成像灯产生的光即硬光，晴天时的太阳光也属于硬光。硬光富有通透阳刚之美，给人以强烈、鲜明的感受。其特点是方向性强，能清晰地显示景物的形态；明暗对比强烈，明暗交界鲜明，有明显的光影，方向和亮度易控制；但硬光光度不易均匀。

②软光：螺纹灯、泛光灯产生的光即软光，阴天时的太阳光也属于软光。软光富有柔和朦胧之美，给人以恬静、淡雅的感受。其特点是方向性不鲜明，光线柔和细腻，照射广泛；光影模糊，明暗交界线柔和，易展现景物的细部结构及微妙的质感、层次；但软光不易制造光位和光区，易使景物造型平淡。

（4）光位：光位即灯光投射的方位，由灯具安装的位置、投光方向及角度来决定。

5. **灯光的应用**　灯光在服装表演的过程中起着重要作用，它不仅是服装表演的基本条件，如果运用得好的话，还能给表演带来戏剧性效果。一场服装表演要选用什么样的灯光，应根据其表演目的来确定。

（1）实用性表演：实用性表演，如服装大赛、服装流行趋势发布会、商品展示等，是以展示服装为目的，服装的效果不能靠彩色灯光和灯光变化来展现。彩色灯光或灯光变化将会影响服装的真实效果，即利用彩色灯光和灯光变化之后的表演反映不出服装的本来面目。例如，服装面料是由红、黄、蓝三种颜色组成，这时如打上任何一种彩色灯光，颜色都会发生变化，所以此时的灯光应以白色光为主。布光时应考虑运用全方位布光，要有面光、侧光、脚光，这样才能看出服装的真实效果。

（2）娱乐性表演：娱乐性表演不是单纯地突出服装，而是要强调一种气氛。这时则可以利用灯光变化，使表演达到戏剧性的效果。

利用灯光色彩的变化、强弱的控制来改变普通光下服装的平淡和单调，拉长或缩短、突出或减弱服装表演在观众视觉中的距离和形象，用灯光划分出层次、重点，在表现时装的特色与情感的同时，也可以起到扬长避短的作用。例如，一组表演开始时，只给紫外线灯光，其他灯光完全关掉，使观众仅看到暗色舞台上由服装上白色或鲜明颜色的位置反射出的特别颜色，当模特伴随着音乐轻松地摇摆着走向观众，舞台上的灯光在几秒钟后亮起来时，惊讶的观众会向这排身着迷人服装的漂亮模特报以掌声。表演还可以利用彩色灯光的变化来吸引观众，但时间不宜过长，要有限度地使用，否则观众将会有疲劳的感觉。

在服装表演开始时，应将全场正常照明灯光关闭，以促使观众把注意力集中到明亮的表演台上、集中到模特身上。通过演出灯光对服饰的强调，使观众对表演的服装产生好的印象，从而对服装进行全面欣赏。

（四）后台

服装表演的后台是场地的必要组成部分。模特在上场前的准备工作要在后台完成。后台主要由三部分组成，一是化妆间，二是更衣间，三是过道。

1. **化妆间**　化妆间是模特化妆或补妆（来表演场地前已化好妆）及做发型的场所。化妆间要设有镜子和照明（图6-47）。一般剧院都设有化妆间。在设立临时的化妆间时，位置应距离舞台出入口近些为好，这样有利于妆容及发型的临时调整。

图6-47

2. **更衣间**　更衣间是模特更换服装的地方，也是放置服装的"仓库"。更衣间的布置与管理要注意以下几点：

（1）更衣间的空间要大。在更衣间内，要有属于模特自己的空间，用于放置演出服装，摆放随身物品等。这样模特在更衣时才不至于混乱。

（2）更衣间内要配有充足的灯光和必要的衣架（龙门架）。

（3）大、中型演出，更衣间内还要配有穿衣工。

（4）更衣间的位置以距舞台背景近些为好，这样可以保证模特的出场时间、返场时间及便于前后台联络。

（5）更衣间到舞台背景的通道要保持畅通，不允许摆放任何物品。

（6）更衣间的卫生要保持好，特别是地面的卫生。这样，一是有利于模特表演时的心情，二是保证服装不受污损。

（7）更衣间要尽量设置一块供熨烫和修补服装的空间。

（8）因更衣间内放置的物品较多，加之服装、做发型用的"摩丝"都属于易燃、易爆物品，因此，一定要加强安全防火管理，务必配置消防器材。

3. **过道**　过道是模特上、下场和工作人员活动的空间，要保证过道中无闲杂人员和不堆放物品。规划后台时，应考虑留有足够的过道空间。

四、场地规划及平面图的绘制

（一）场地规划

服装表演台形确定后，场地整体规划也是需要考虑的因素之一。场地规划得如何，直接影响到演出效果和观看环境。场地规划主要根据不同的演出类型来考虑。场地规划应考虑观众的入场流程，观众席、领导席、嘉宾席、评委席等区域的划分和安排。

1.观众的入场流程

（1）演出的标识性识别物：标识性识别物可放在户外也可放在室内（图6-48）。

(a)　　　　　　　　　　　　　　　　(b)

图 6-48

（2）存衣间：星级宾馆一般都设有存衣间，当作为服装表演场地时，可以用于存放观众的物品。

（3）签到处：签到处一般设在入场处（图6-49），主要用于嘉宾、记者等重要客人签到或发放礼品。

图 6-49

（4）酒会或饮料：根据主办方的资金预算和嘉宾方的需要来设定。

（5）进入表演场地。

（6）寻找座位。

2. **观众席** 规划观众席时要考虑：观众观看的角度是否合适；安全防火通道是否畅通；是否影响记者拍照。

3. **领导席、嘉宾席** 领导、嘉宾的席位要舒适，要能清楚地观看演出，位置应好于观众席，一般应安排在T型台的正面或两侧的第一排。安排席位时，要考虑领导和嘉宾出入方便。

4. **评委席** 赛事类的演出还要安排评委席。评委席应安排在场地的最佳观看角度、最佳距离处（图6-50）。通常评委进入现场晚，离开现场早，安排评委席时要考虑评委出入方便。

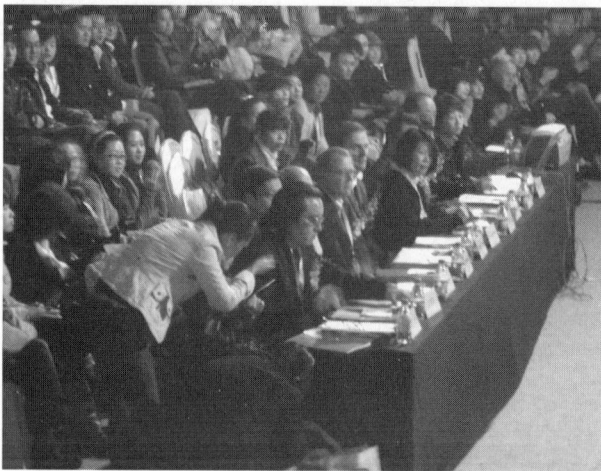

图6-50

5. **记者席** 记者席应分两部分：一是文字记者席，二是摄影、摄像记者席。文字记者可安排在嘉宾席内或留座，摄影、摄像记者应单独安排记者席位，便于他们摄影、摄像活动。一般记者席安排在舞台的对面，要有足够的空间和高度（图6-51）。

（二）场地平面图的绘制

场地平面图是舞台表演设计项目实施的重要依据，场地平面图的表达应统一、清晰明了、便于识读。为保证舞台表演设计按规划进行，场地平面图的绘制要按绘图要求进行，即了解所需要工具的使用，如直尺、三角板、铅笔、比例尺、圆规等绘图工具，了解它们的性能，熟练掌握它们的正确使用方法，提高绘图质量，加快绘图速度；为保证舞台表演设计项目的实施，场地平面图中图线的粗细、字体的样式、尺寸标注方法、标识符号等必须有统一的标准和规定，要符合制图标准规范。

1. **常用绘图工具及使用**

（1）三角板：三角板是制图的主要工具之一，包括45°和30°各一个。三角板与

图 6-51

丁字尺配合使用，可以画出垂直线以及与水平方向成 15° 或 45° 的斜线。

（2）铅笔：绘图用的铅笔种类很多，其型号以铅芯的软硬程度划分。H 表示硬度，B 表示软度。H 和 B 前面的数字越大，表示越硬或越软。使用铅笔时用力要均匀，用力过大，会刮破图纸，甚至会折断铅芯。画线时要边画边转动铅笔，使线条粗细一致，持笔姿势要自然，要使笔尖与尺边距离保持一致，线条才能画得平直准确。

（3）比例尺：比例尺是在图形需要放大或缩小时使用的尺，可以在比例尺上直接量出已经折算过的尺寸。

（4）其他绘图工具：曲线板、量角器、绘图纸、橡皮、擦图片、胶带纸等，这些都是绘图的必备用品，这里不再一一介绍。

2. 手绘平面图的图线与要求

（1）图线的要求：图线的宽度分粗实线、中粗实线和细实线三种，图线的宽度 b 可按图纸的大小和复杂程度在 0.4~1mm 之间进行选择；中粗实线的宽度为 $0.5b$；细实线的宽度约为 $0.35b$。在同一张图纸上，同类线的宽度应保持基本一致，突出位置需要强调的图线应随机调整其宽度。

（2）图线及应用：各种图线的用途见表 6-1。

表 6-1　各种图线的用途

单位：mm

图线名称	图线形式	图线宽度	图线用途	说　明
粗实线	▬▬▬▬	b	轮廓线	b 的宽度根据图形大小在 0.4~1mm 之间
中粗实线	▬▬▬	$0.5b$	起止符号线	
细实线	─────	$0.35b$	尺寸线、尺寸界线、引出线	

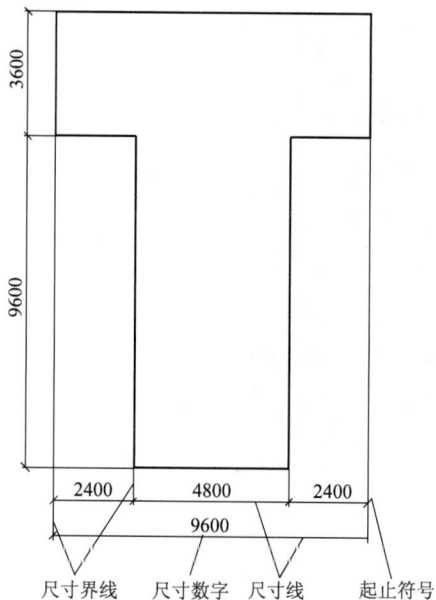

图 6-52

3. **字体**　场地平面图的字体选仿宋体即可。在平面图中书写的字体必须做到：字体工整、笔画清楚、间隔均匀、排列整齐。

字体高度：字体高度表示字体号数，如 10 号字的高度即为 10mm。在同一张平面图中，要求选用同一字体。汉字高度 h 一般应不低于 3.5mm，其宽度一般为 $h/\sqrt{2}$。

4. **尺寸标注**　场地的划分必须通过标注才能确定。标注工作极为重要，要做到认真细致、一丝不苟。任何尺寸的遗漏或错误，都会影响场地的规划效果。

尺寸标注一般由尺寸数字、尺寸线、尺寸界线和尺寸起止符号组成，如图 6-52 所示，平面图的尺寸以 mm 为单位。

尺寸标注一般要求整齐、统一，尺寸数字的书写要规范、端正、清晰，不可模棱两可。

（1）尺寸数字：

①场地平面图中所标注的尺寸，是表演场地的实际尺寸，与具体制图时所用的比例没有关系。

②场地平面图中的尺寸数字不需要注明尺寸单位。

③尺寸数字的标注方向有水平、竖直、倾斜三种，以读数方向来标注尺寸数字为原则，不得倒写，应从左方读数的方向来标注尺寸。

④任何图线不得相交尺寸数字，无法避免时，需将此图线断开表示。

⑤尺寸数字一般注在尺寸线的上方或中断处。当标注位置不够时，也可注在尺寸线的外面或引出标注。标注曲线位置及形状尺寸时，可在曲线的重要位置标注数据说明。

（2）尺寸线：

①尺寸线用细实线绘制，不能用其他线代替。

②尺寸线一般不得与其他线重合或画在其他线的延长线上。

③标注直线尺寸时，尺寸线应与所标注的线段平行。

④尺寸线与被标注的轮廓线应保持一定的距离。

⑤当有几条相互平行的线性尺寸时，大尺寸要注在小尺寸的外面，以免尺寸线与尺寸界线相交。

（3）尺寸界线：

①尺寸界线应采用细实线表示。

②尺寸界线应垂直于尺寸线。

③尺寸界线不可以同需要标注的尺寸轮廓线相接，两者应留出一定的空隙。

④当需要连续标注尺寸时，中间的尺寸界线一般应比起止的尺寸界线短些。

（4）尺寸的起止符号：

①尺寸线与尺寸界线相接处为尺寸的起止点，一般在尺寸的起止点处以45°倾斜画成中粗短线，即为尺寸起止符号。

②尺寸起止符号的倾斜方向应与尺寸界线成顺时针45°。

③在同一张图纸上，尺寸起止符号的宽度和长度应保持一致。

④当在图中画45°倾斜中粗短线有困难时，可以画上箭头作为尺寸的起止符号；或当相邻的尺寸界线间距离很小时，也可以用小圆点作为尺寸的起止符号。

小结

1. 服装表演的舞台美术设计主要是指舞台背景、台面、周围环境的装饰与舞台造型设计。

2. 服装表演的舞台美术设计主要考虑实效功能、再现功能、表现功能。

3. 服装表演的舞台美术设计过程分为文案设计和艺术、技术设计两大步骤。

4. 服装表演场地的选择要考虑空间、电源、交通三大要素。

5. 以室内作为服装表演的场地时，可以选择剧院、宾馆、电视台演播厅、展览馆、体育馆、商场（室内）等，但同时要考虑其场地的优缺点。

6. 以室外作为服装表演的场地时，可以选择体育场、商场（室外）、广场、度假村、游船、著名建筑物等，但同时要考虑其场地的优缺点。

7. 舞台装置主要包括舞台、背景、灯光三个部分。

8. 设计整体舞台时要考虑表演时间，更衣室到舞台出入口的距离，现场观众的可视角度，道具、背景板和舞台造型与场地的关系，灯光设备等。

9. 设计伸展台应考虑伸展台的高度、伸展台的长度、伸展台的宽度以及伸展台的形状。

10. 舞台背景分为硬背景、软背景、综合式背景。要注意室内、室外采用不同的设计。

11. 服装表演舞台的灯光不宜使用色光。

12. 灯光的布局一般包括两个演区光和一个特殊效果光。

13. 灯光分为天幕光、追光、面光与逆光等。

14. 灯光应用在实用性表演时应以白光为主，在娱乐性表演时可以应用彩光。

15. 服装表演的后台主要由化妆间、更衣间、过道组成。

16. 服装表演场地规划应考虑观众的入场流程及观众席、领导席、嘉宾席、评委席等区域的划分和安排。

17. 场地平面图的绘制需要直尺、三角板、铅笔、比例尺、圆规等绘图工具。在绘制时，图中图线的粗细、字体的样式、尺寸标注方法、标识符号等必须有统一的标准和规定，要符合制图标准规范。

思考题

1. 服装表演舞台美术设计包括哪些内容？

2. 如何理解舞台美术设计的实效功能、再现功能、表现功能？

3. 选择场地的三大要素是什么？

4. 剧院、会展中心作表演场地的优势有哪些？

5. 商场（室内）、室外广场作表演场地应注意哪些问题？

6. 服装表演的舞台装置包括哪些内容？

7. 设计整体舞台时应考虑哪些因素？

8. 设计伸展台时应考虑哪些因素？

9. 谈一下你对造型台的认识。

10. 舞台背景的分类及应用是什么？

11. 设计舞台背景的原则是什么？

12. 灯光在服装表演中的作用有哪些？

13. 服装表演中常用的灯光种类有哪些？

14. 设计灯光时要考虑的因素有哪些？

15. 服装表演中怎样应用灯光？

16. 布置更衣间时应考虑哪些问题？

17. 怎样规划服装表演的场地？

18. 标注尺寸时应注意哪些问题？

表演编排

课题名称：表演编排

课题内容：选择模特

分配服装

试穿服装

服装管理

表演编排与排练

课题时间：16 课时

教学目的：使学生全面了解服装表演编排的过程。重点掌握表演编排与排练。

教学方式：以教师讲授为主，同时选择一些恰当的范例对学生进行理论联系实际的
引导，并进行必要的编排实训。

教学要求：1. 了解如何挑选模特及演出模特人数的确定。

2. 掌握不同服装对模特的要求。

3. 了解分配服装、试穿服装的过程及注意事项。

4. 掌握服装管理的具体内容。

5. 掌握整体表演风格的特点及如何运用。

6. 掌握表演程序的确定原则。

7. 掌握走台线路的设计要领及绘制方法。

8. 掌握模特个体表演动作的设计、模特整体舞台造型的设计方法及
要领。

第七章　表演编排

　　服装表演是服装模特在 T 型台上面对观众演绎服装的过程。编导不但要使服装演出有序进行，同时也要使演出引人入胜，以确保把设计师的设计构思传达给观众，使演出具有艺术性、观赏性、传递性。表演编排是一项集体活动，需要多方面人员的合作，要根据演出的内容和性质决定表演形式。表演编排是一个综合性的艺术创作过程，有着广阔的创作空间。它是在主题、场地确定后开始进行的。表演编排的内容包括对模特的选择和分配、试穿服装、编排等一系列演出前的活动，是演出全过程的关键环节。

一、选择模特

　　在服装表演的整个过程中，选择模特是最重要的环节。模特是设计师与消费者之间的纽带和桥梁，通过模特在 T 型台上的精彩展示才能够充分展现服装的美，诠释服装的内涵，达到完美的演出效果。但如果模特挑选不当，则会给整场演出带来负面影响。所以，演出的成败也取决于所挑选的模特。具体怎样选择模特，要视服装的风格、表演的风格和主办方的经济实力而定。

（一）模特的挑选者

　　由谁来挑选模特呢？这要由演出的性质决定，不同的演出要由不同的人来挑选。

　　（1）个人专场或发布会专场，由设计师本人挑选。设计师要用他们的眼光挑选出自己满意的模特。

　　（2）娱乐演出、企业或商场的促销演出，由编导来挑选模特。

　　（3）服装设计大赛，直接由大赛组委会从模特经纪公司挑选或直接由承办演出的模特经纪公司确定。

　　（4）模特比赛，需要按比赛章程确定参赛选手。

（二）挑选方法

　　挑选模特的方法有很多种，有直接的、有间接的。在各种不同的方法中到底选用哪种方法来进行选拔呢？这要视客观条件而定，如演出的地点、规模的大小、所需模特的数量等。一般来说，比较常用的方法有如下几种：

1. **直接面试** 如果模特所在地与举办演出的地点在同一个城市,最好用直接面试的形式来进行挑选。直接面试可以直接掌握模特的走台水平及其对服装的理解力等,避免挑选出现误差。

2. **利用资料挑选** 如果模特和举办演出的地点不在同一个城市,可通过邮寄模特的个人资料来挑选。但是,这种方式往往出现人、像不符的情况。因为,资料是间接的、不全面的。目前照相和化妆的手法都很先进,个人照片又都采用最佳角度拍摄,拍摄后的照片还可以经过电脑软件的后期处理,所以照片不能完全反映出模特的真实情况,也就是说完全利用资料来确定模特往往会出现偏差。

3. **先看资料后面试** 如果挑选模特的范围很大,无论模特是否在本地,都可先看资料,进行初选,然后初步确定人选后,再进行面试,最后确定具体人选。

4. **由模特经纪公司确定** 一般大型的服装演出或服装大赛都是由模特经纪公司承办的,这时可由模特经纪公司按主办方的要求直接确定人选。

(三)人数的确定

一般情况下,对一场服装表演使用多少模特没有严格规定,下列因素在确定人数时可作为参考。

1. **服装的数量** 所用服装的数量越多,使用模特的数量就越多。

2. **演出舞台的大小** 舞台面积大,为保证演出效果,模特的数量要相应增加。

3. **走台方式**

(1)简洁随意:采用简洁随意的走台方式时,因模特在台上流动的速度较快,数量也应相对多一些,一般应在20人以上。

(2)刻意设计:刻意设计适合系列服装的展示,模特在台上停留的时间相对长一些,这种表演形式相对用的模特较少。如果每个系列服装有8套,那么表演的模特至少要有16人。

4. **更衣室与背景的距离** 更衣室与背景距离的远近,直接影响到模特更换服装后返场的速度。如果距离远,就应相对增加模特的数量。

5. **服装的复杂程度** 设计复杂、不易脱换的服装,会影响模特返场的时间。要根据这种服装数量的多少,确定是否增加模特人数。

(四)对模特的要求

具体挑选模特时,要根据表演的服装款式和表演的风格而定。例如,展示运动、奔放的服装,就要选择具有活泼、蓬勃向上气质的模特;展示晚礼服时,要挑选具有雍容、典雅、端庄气质的模特;展示泳装、职业服装对模特的挑选也都有各自的要求。

1. **展示运动装** 展示运动装应选择有青春朝气、热情似火,能营造出青春而有活力氛围的模特,要具有健美的形体感觉。不宜让有温柔而又甜美感觉的模特来展示。

2. **展示晚装** 晚装对模特的要求是最高的,尽管在我国真正穿礼服的场合很少,但由于模特穿上后，会带给观众一种美感，具有很高的欣赏价值，所以各种类型的服装表演中往往都会有晚装展示这一项。展示晚装时，应选择气质高雅、端庄、高贵的模特。

3. **展示职业装**　展示职业装要求模特的基本功要扎实，应选择干练、优雅、动作洒脱、端庄而有气质的模特。

4. **展示泳装或内衣**　展示泳装或内衣时，模特身体外露的部位较多，这样对模特的形体要求就较严格，这也是最能体现出模特身材的一种表演。所以，应该选择腿部修长、上下身比例好、臀部上翘、三围尺寸标准的模特。

二、分配服装

在服装表演中，服装对每一位模特来说都是至关重要的，只有把服装穿在模特身上，通过她们的完美展示，才能体现出服装的动态美和立体美。当然，不同的服装穿在不同人的身上，会产生不同的效果。因此，在服装表演之前，编导或设计师要对服装进行科学分配，以确保表演的顺利进行和演出效果。如何把服装分配给模特，由演出的性质来决定。

1. **设计师专场或发布型演出**　设计师专场或发布型演出由设计师在已挑选的模特范围内，针对每位模特的气质特征和服装特点，给模特分配服装。

2. **商业性演出**　在演出之前，商家和公司要对模特进行面试和精心挑选。其标准是挑选模特的形体气质、表演技巧差距不是很大的，各方面条件比较相近的，这样可以把服装进行平均分配，即把服装出场的排序和模特上场的顺序相对应，把服装分配给模特就可以了。

这时编导就有更多精力考虑演出的效果，使表演既具宣传效应，又使观众对演出感兴趣，使表演能够成为最令人兴奋和有戏剧性的表演。

3. **娱乐性演出**　文化娱乐性演出所选用的模特可能会是专业模特和业余模特同时存在，也就是说模特有高矮、胖瘦的差别，在气质条件和表演技巧等方面也会存在差异。

表演时富有经验的专业模特能够应付自如，很容易地把服装的风格、款式、韵味以及设计师的理念通过自己的表演传递给观众。相对来说，业余模特就会稍差一些。

为了确保演出质量，编导要根据模特的条件进行重点分配或者根据设计师的特殊要求进行分配。

三、试穿服装

试穿服装是表演排练、演出前的一项主要工作。虽然模特都是精心挑选的，但每个人的衣着感是不同的，同一件服装不一定所有模特穿着都合适。所以，在演出之前，编导或设计师要与相关人员一起完成试穿服装的任务，其目的是使模特穿着合身得体的服装，这样才能使服装具有更完美的造型效果。

1. **确定试衣时间**　试衣的时间与演出的时间不要间隔太长或太短，起码要为更换或修改服装留有足够的时间。如果条件允许，最好提前一个星期就把试穿的服装和配饰准备好。

2. 确定试衣用品 试衣室应有放置和修改服装的必须用品，如龙门架、熨烫架、盖布、试衣单、大头针、划粉、剪刀、尺寸标签等。试衣间里还要准备一个距地面约 300mm 高的小平台，便于给服装折边。另外，还应有各种可以保护服装的物品、保护鞋子的防护带、把搭配好的服饰放在一起的袋子等。

3. 掌握模特基本数据 试衣前试衣人员要拿到演出模特的资料，了解模特的穿衣尺寸，这样在试衣前，可以初步确定由哪个模特来试穿什么样的服装。

4. 试衣步骤

（1）把所有的服装按照演出的顺序编上号码，整齐地挂在龙门架上（图 7-1）；

图 7-1

把服饰配件按分类或型号装在事先准备好的袋子里，放在相应的位置；把鞋放在相应的衣服或龙门架下面，以便穿着和搭配。

（2）按编好的顺序让模特试穿服装，如果一件服装对某个模特不合适，可将要修改的部位用大头针仔细地做好标记。如果确实有的服装不适合模特穿着，就要和设计师、商家沟通，是否可用其他服装取代，如实在无法取代，就需要重新找适合这件服装的模特。在试衣的过程中，要尽量少做调换，否则会打乱试衣过程，影响整个演出的顺利进行。

（3）服装试穿合适的模特，就应进行服装配饰的整体搭配。在得到服装设计师或编导的同意之后，照相留影、填写试衣单，以免在演出的过程中拿错或穿错服装。

四、服装管理

在服装表演中，服装管理也是一项不可忽视的工作，不仅要有专业人员负责，还要有严格的管理方法。

1. 填写试衣单 为了使演出能有条不紊地进行，避免演出时换衣现场混乱，在模特试穿服装的过程中要填写试衣单（表 7-1），即把模特的名字、模特的序号、服装的序号、服装的尺寸、出场顺序号、服装的件数、鞋子的大小、服装的配饰和试装后的照片都记录下来。试衣单一式三份，一份别在演出服装上，一份放在服装的配饰上，一份交给服装管理员。小型演出只需要一份试衣单，以便工作人员进行管理。

表 7-1 试衣单

姓　名		序　号		照片
身　高		性　别		
服装名称		尺　寸		
鞋　号		配　饰		
服装件数		出场序号		
服装序号		备　注		

2.**按序号分类**　比较简单的服装管理方法就是排序号法，如试穿好一套服装后，可以把模特的序号牌放在服装上或饰品的口袋里，序号朝外。若服装被工作人员送去修改或熨烫取回后，仍须按序号放回原位置，以方便模特领取和工作人员清点。

3.**服装与配饰的管理**

（1）服装管理：每次演出之前，服装管理员都要对服装进行全面检查，以确保服装完整、干净。如有需要还应将服装进行整理、熨烫，以保证演出效果。

（2）配饰管理：

①帽子：在运输或保管的过程中，应防止其挤压变形，并尽量放在大纸盒里。

②首饰：每次演出之后，应将其整理好并放在盒子里，若有损坏或丢失，应及时修复或查找，以保证下场演出的正常使用。

③手套：在每次演出完以后，都要检查整理，再保存起来。

④鞋：每次演出前后，要用鞋盒把鞋装好，并将鞋照相留影，照片粘在盒子上，以免管理员在发鞋和收鞋的过程中出现差错。

还有很多的附属品，在管理过程中都应尽心尽力，防止损坏和遗失。

五、表演编排与排练

为了保证演出质量，在正规演出之前都必须进行编排与排练。编排主要是确定整体的表演风格和表演程序、设计表演动作和走台线路等。排练主要是编导及相关工作人员检验自己的构思转化为现实的效果如何，并在排练中修改完善；而模特通过排练，接受编导及设计师的启发，进一步加深自己对服装的理解，使表演趋于完美。同时，在排练中，模特还需要记住每场表演的出场顺序、走台路线、造型方法、彼此间的配合及服装与配饰的穿戴方法等。

（一）整体表演风格的设计

服装表演的整体表演风格，是指编导为体现服装款式、风格和演出效果而设计的模特整体在舞台上的展示形式。模特们通过走台、编队、造型、转体、表情、道具使用等的变化而塑造不同的风格。服装表演风格的设计主要取决于演出的目的、编导的意向和组织者的经济实力。若组织者的经济实力允许，编导就可以根据需要刻意地在表演形式上下工夫。服装表演的整体表演风格主要包括简洁随意型和刻意设计型两大类。

1. **简洁随意型**　这种风格的表演，一切力求简洁、节省。在编排和排练上没有过多的要求，模特只要按照出场顺序在台上随意行走、适当做一些简单的亮相即可，模特之间也没有相互配合的动作，有些甚至不需要经过排练。因此，在音乐的选择及模特的表演与编排上都比较大众化、缺少个性，表演费用也较低。

一般来说，促销性质及发布性质的表演大多属于这种类型。这种形式也被称为"one by one"，即一个接一个的走法（图7-2）。

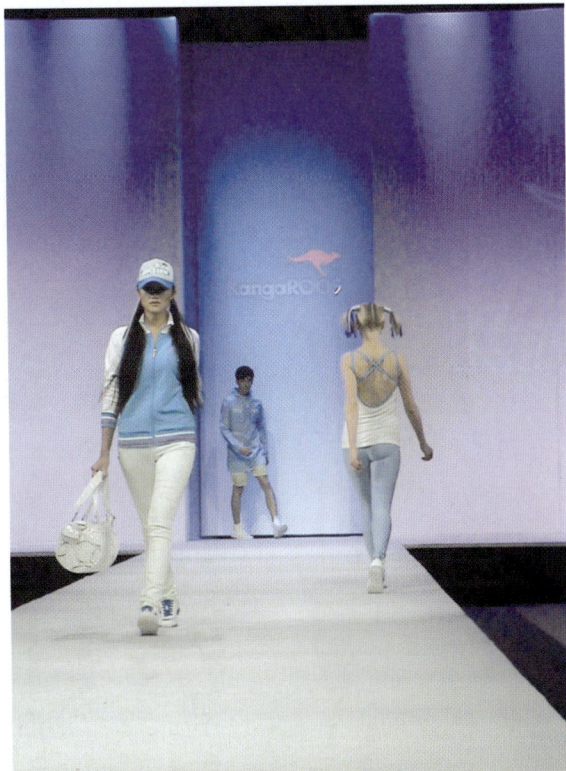

图 7-2

2. **刻意设计型**　这种风格的表演，通过表演编导刻意编排后，营造出特殊的舞台气氛来表现和衬托服装。无论是音乐、灯光、道具、舞美设计，还是表演的编排与排练以及模特的个人表演及队形的设计等各个细节，都有明确而严格的要求。因此对演职员的要求也较高，需要排练的时间较长，演出费用也较高。

（1）情景表演：情景表演是指身着某种具体款式的服装，在T型台规定的情景中（表演场地设计成类似小品式的生活场景），充分利用道具的功能，完成生活化的情节，以此来展示服装的表演。

①舞台上放着椅子、遮阳伞，模特身着泳装，手拿排球，做一些在沙滩上嬉戏、游玩的动作（图7-3）。

②表演运动装，模特可手拿球拍（羽毛球拍、网球拍），或篮球、足球在表演台上做一些动作（图7-4）。

③办公室的女性白领穿着职业装，可夹着文件夹，几人结伴而行或做其他造型（图7-5）。

图 7-3

图 7-4

图 7-5

④模特面前摆一个画架，手拿画笔，做出画家去郊外写生时的相应动作。

⑤模特身着休闲服，手拉旅行包，外出郊游（图7-6）。

图7-6

一般来说，采用情景化的表演风格，可以让观众从特定的身份和生活环境的概括上，获得一种联想的素材。

（2）舞蹈化表演风格：舞蹈化表演风格是指在服装表演中，局部或全部采用典型的舞蹈动作，配以恰当的音乐等加以烘托，产生强烈的视听效果。将音乐、服装和模特表演形成统一的整体，用以表现和烘托服装，给观众留下深刻的印象。此风格常用于展示具有民族特色的服装或表演性服装。舞蹈化表演有两种形式。

①纯舞蹈化：由舞蹈演员身着和表演服装接近的舞蹈服装在T型台上表演舞蹈，模特照常走台（图7-7）。一般情况下，舞蹈演员的表演可放在一个主题的开始，也可放在中间。

②局部舞蹈化：模特在服装表演的过程中，加以舞蹈身形或步态来展示服装。例如，表演青春活力装，配用迪斯科音乐时，模特可适当做一些迪斯科动作；表演民族服装时，也可以加上一些民族舞蹈动作（图7-8）。

刻意设计型的编排常采用的手法是在模特走台线路、个人造型、整体舞台构图等方面下工夫，以追求表演的个性化，从而产生不同的表演风格。

图 7-7

图 7-8

（二）表演程序的确定

服装表演程序的编排，对演出效果起着不可估量的作用。在确定了整体表演风格和明确了各个主题并选定了表演所用的服装后，首先要进行的是按照主题排出序列，即第一主题、第二主题……或者第一幕、第二幕……然后再排出每个主题下的服装出场顺序。这样，总的出场程序就排定了。

一个程序表的排定，要重点考虑开场、高潮、结尾三部分。

1. **开场** 服装表演的开场是整场演出的关键。开场的演出要能引起观众注意，使其马上进入欣赏状态。开场的形式多种多样，下面几种较为常用：

（1）激情活力装开场：模特身着活力装，踏着轻快而有动感的音乐节奏，以青春、健美、活泼的动态表演，迅速使全场产生热烈、欢快的气氛（图7-9）。此时，能立刻将观众的视线全部转移到T型台上。这种形式适合用在主要是非专业人士观看的服装表演当中。

（2）轻松休闲装开场：模特身着休闲装，随着欢快的、中速节奏的音乐，轻松、自由、潇洒地在台上表演，将清新、舒适的场面展现在观众的面前（图7-10）。以这种形式开场，吸引观众的注意力相对要差一些。

图7-9

图 7-10

（3）创意性开场：模特身着前卫或科幻服装，在特殊灯光和具有神秘感的音乐声中做着特殊的动作，这种开场会使观众感觉进入到了一个梦幻般的世界里，从而吸引观众，也可将舞蹈表演（图 7-11）或杂技表演用来开场，从而增加观众的新奇感。另外，创意性开场还可在模特的出场方式上下工夫，通常模特是从背景出入口上场，为增加观众的新奇感可采用模特从舞台前方上场，或采用模特全部出场的方式开场。

图 7-11

2. **高潮**　表演中的高潮是相对而言的。通俗来讲,高潮是表演过程中出现的精彩部分。高潮和开场、结尾不同,它可以在整台表演中出现一次或多次。

制造高潮的目的是刺激观众出现兴奋点,使观众不至于在观看的过程中认为演出平淡、千篇一律,甚至离场而去。

制造高潮的手法较多,常用的有利用模特的表演、服装的风格及款式、道具的运用、音乐、灯光等变化,营造出服装表演的高潮场面。

（1）利用服装的变化制造高潮:利用系列服装风格的变化或对服装款式的调整,使观众感到演出的气氛不同,对表演产生可看性强的想法。在商业性演出中,可利用推出"最具时尚性"服装的办法达到高潮;在艺术性演出中,可推出民族特色强或具有前卫性的服装以达到高潮。

（2）利用模特的表演制造高潮:模特的表演也可形成高潮。这个高潮的形成主要靠模特的表演技巧,如模特的走台线路、转身周数、亮相、造型的设计等都可改变场上的气氛。也可利用名模出场来达到掀起演出高潮的目的。但要注意,不能脱离开服装去刻意设计高潮。

（3）利用灯光、音响制造高潮:利用天幕光、激光、频闪光等灯光的出现及变化,结合音响的特殊效果,使观众感觉到进入了一个新境地,从而达到高潮。

（4）利用道具制造高潮:在表演过程当中运用大型道具或较大型道具也可产生高潮。例如,将自行车、摩托车搬上舞台（图7-12）,模特利用这些道具进行表演从而使观众产生兴奋点,场上形成高潮;让模特利用篮球、足球去做一些大型动作,也可以形成场上的高潮。

图 7-12

另外，舞台如设有可动式背景或升降台，都可制造高潮场面。

3. 结尾　一台服装表演要做到有始有终，让观众精神饱满地看到结束，并能留下完美、深刻的印象，结尾部分也是整场演出的关键。

实际上，也可把结尾看成是一个高潮的出现，只不过是在高潮之后就结束了整台演出。一般结尾都采用模特集体谢幕的形式，如果设计师在场，最后则推出设计师谢幕。这时，全场沸腾，灯光全亮，演出结束（图 7-13）。

(a)

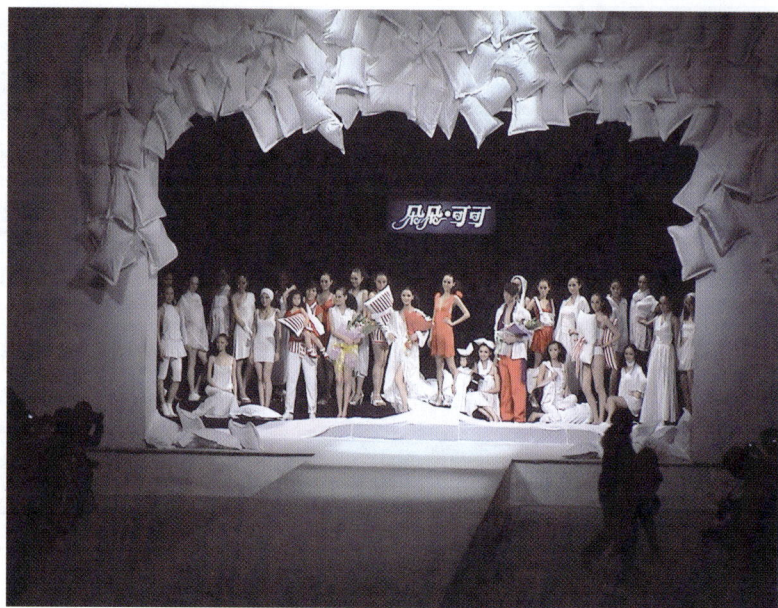

(b)

图 7-13

一台服装表演从开场→高潮→低潮→高潮→低潮……结尾，是一个有高有低的过程。这样的过程设计就是要使观众在观看过程中有张有弛，以愉快的心情看完全场演出。

（三）填写表演程序表

表演程序和排练时间确定以后，应该填写相应的表格并印制分发给所有的相关人员，包括设计师、模特、催场员、摄影师、音响师、灯光师及服装管理员，然后便进入排练日程。

表演程序表举例见表7-2、排练日程表举例见表7-3。

表7-2　表演程序表

出场次序	服装编号	件（套）数	模特编号	配饰
1				
2				
3				
4				
5				
…				

表7-3　排练日程表

排练日期	排练内容
4月26日上午	开会布置任务，着手准备
4月27日全天	分组排练
4月28日全天	无音乐、无装排练
4月29日全天	有音乐、着装排练
4月30日全天	彩排（包括音乐、灯光、解说等）
5月1日下午	演出

注　排练时间为：上午9：00～11：30，下午2：00～4：30。
　　望各位演员准时到场，各位相关工作人员做好排练准备。

（四）走台路线的设计

大型的服装表演，走台路线应该是由服装表演编导事先设计好，并以示意图（通常称走台线路图）的形式分发给每位表演模特，然后再进行排练，这样既可以节省时间，也可以避免临时设计表演路线和编排动作所带来的麻烦及杂乱的现象。

模特的走台路线是表演中的整体动态造型，根据模特行走的轨迹可分为直线、折线和曲线三种；根据每组模特人数又可分为单人和多人几种。

1. 线路图的绘制

（1）设计走台线路时要考虑的因素：

①直观的审美效果：为模特设计的走台路线能否给观众带来美的享受。

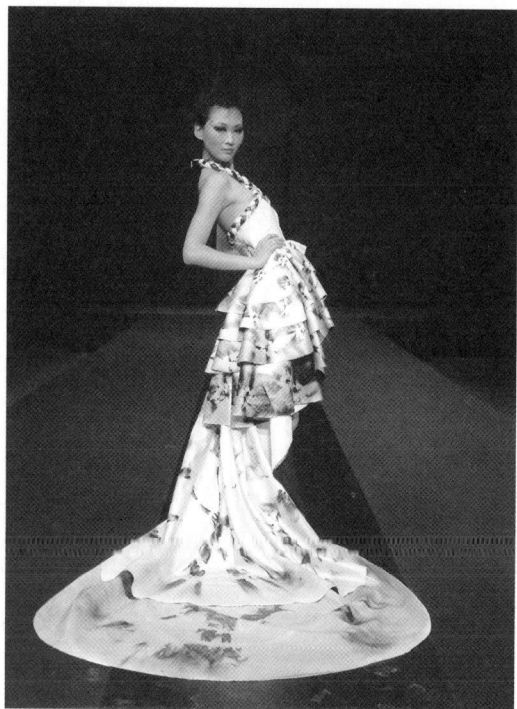

图 7-14

②演出时间的长短：在整场演出的时间长、其他条件不变的前提下，可通过设计复杂的线路来保证演出时间。

③舞台形状、后台情况：针对不同的舞台形状设计不同的线路，应充分利用舞台空间。在后台不利于更衣的情况下，可延长走台线路，从而为后台模特的换装争取时间。

④服装的款式（几人同行）：对于裙装、袖窿变化大的服装款式，设计线路时要考虑伸展台的宽度能否满足几位模特同行（图7 14、图7-15）。

⑤造型区的设立：如舞台设有造型区，就要考虑模特在造型区的表演。

⑥灯位情况：队形变化能否满足照明。

(a)

(b)

图 7-15

（2）符号：

①模特符号：不同类别模特的符号由不同的图形表示，黑色部分表示模特的背面，空白处为模特正面，模特的具体编号标注在符号的空白处（图7-16）。

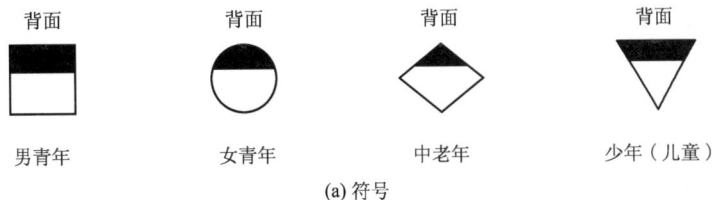

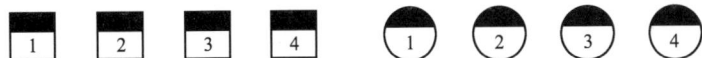

图7-16

②转身符号：虚线的起始点标注应在模特的正面前，箭头表示转动的方向，左转箭头向逆时针方向画，右转箭头向顺时针方向画。连续转身用 Ln 表示，n 表示转动的圈数，Ln 标注在模特符号旁（图7-17）。

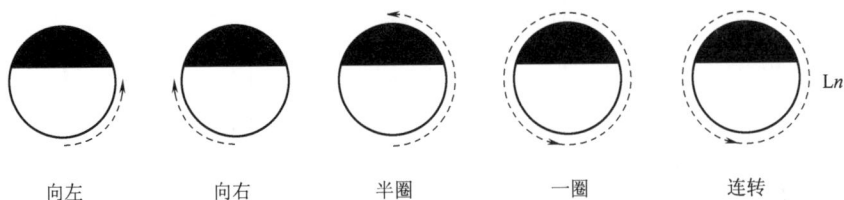

图7-17

③线条：实线（黑实线）表示模特已行走过的路线；虚线表示模特将要行走的路线；箭头表示模特行走方向和停顿的标志（图7-18）。

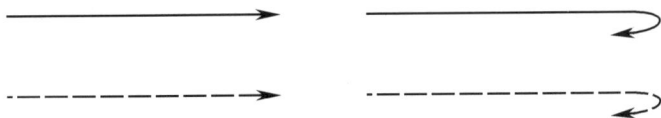

图7-18

④线路轨迹：模特行走的线路轨迹可以是直线、折线、曲线。

2. 具体举例

（1）单人走台路线：单人走台路线如图7-19、图7-20所示。

（2）多人走台路线：

①二人走台路线，如图7-21所示。

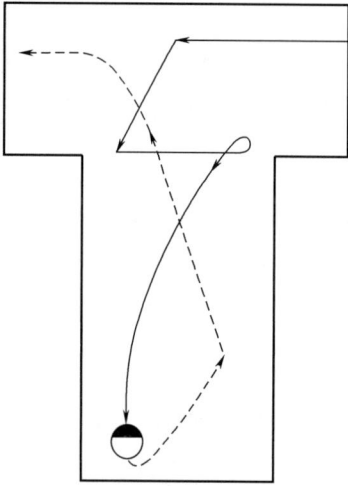

图 7-19

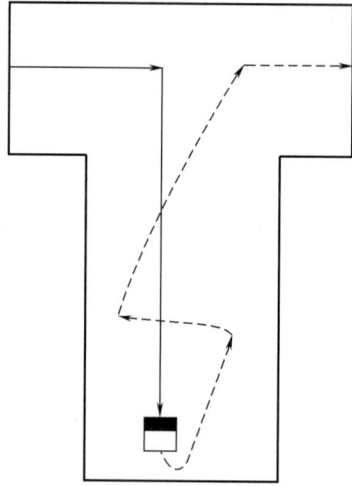

图 7-20

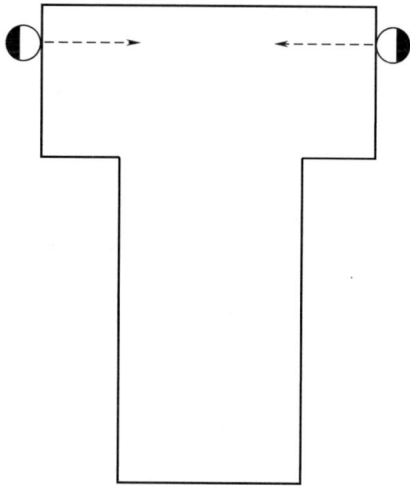

(a)

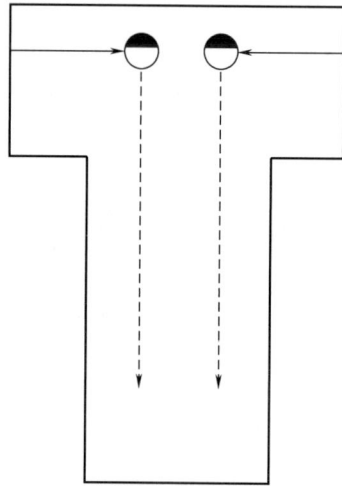

(b)

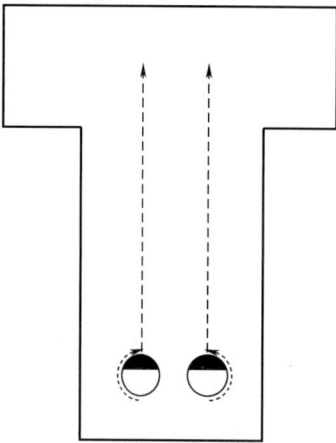

(c)

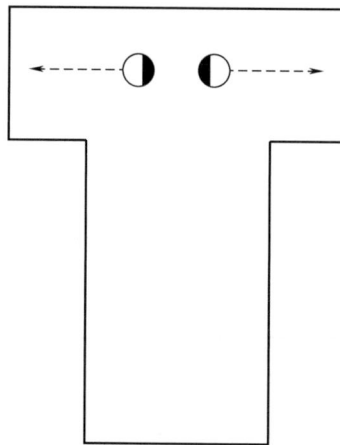

(d)

图 7-21

②三人走台路线，如图 7-22 所示。

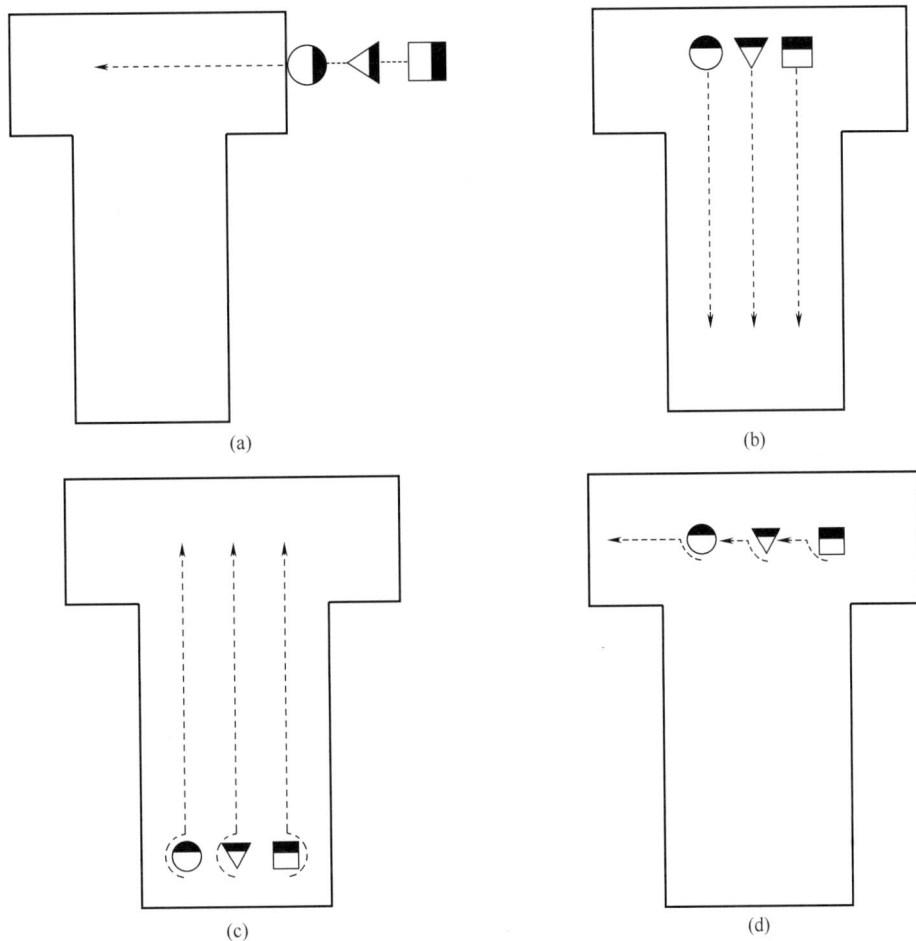

(a)

(b)

(c)

(d)

图 7-22

③四人走台路线，如图 7-23 所示。

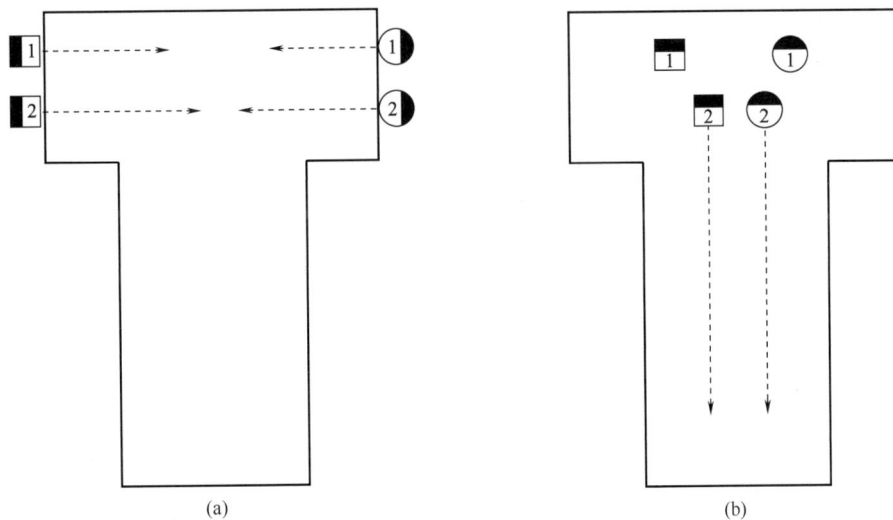

(a)

(b)

图 7-23

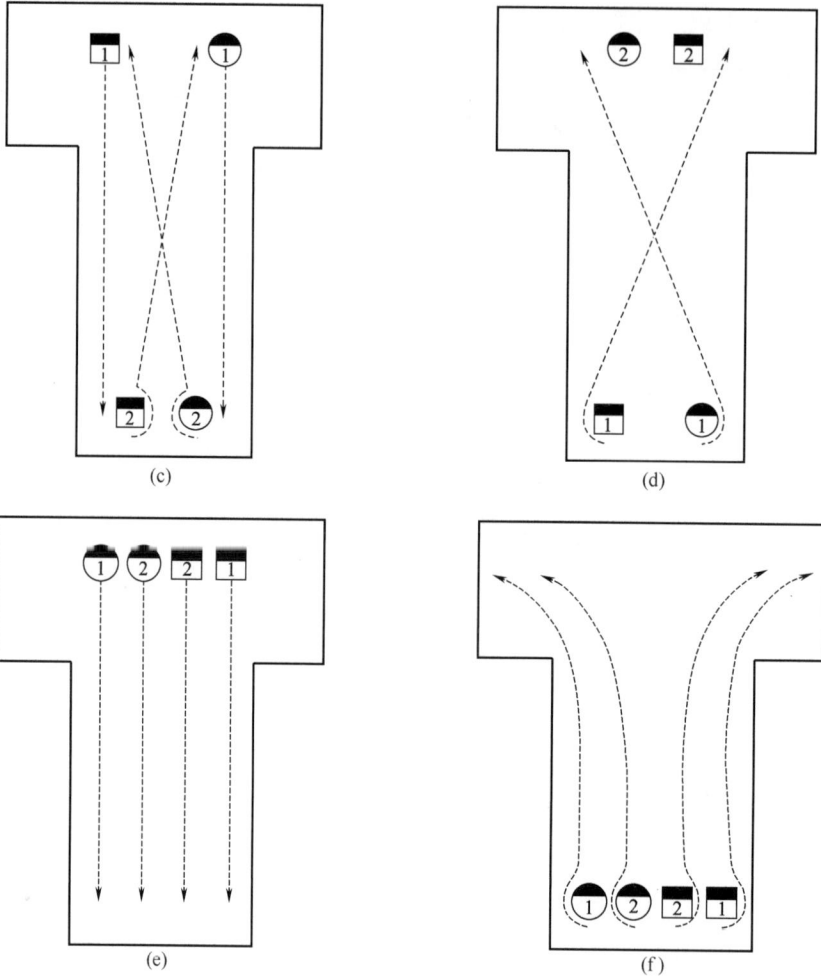

(c)

(d)

(e)

(f)

图 7-23

④七人走台路线，如图 7-24 所示。

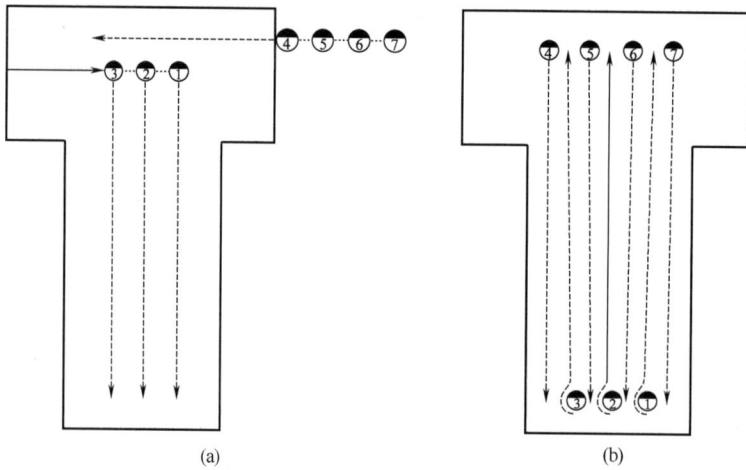

(a)

(b)

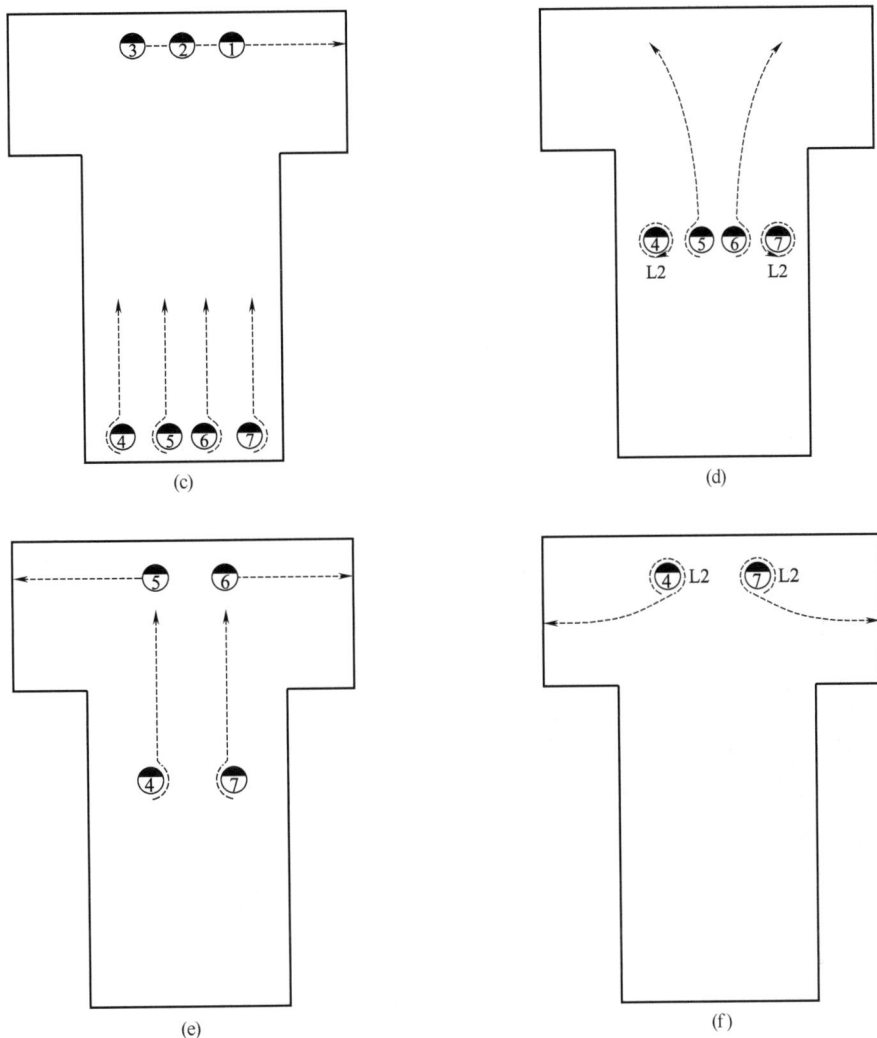

图 7-24

（五）表演动作的设计

在服装表演中，模特的表现力是第一位的。模特的表现力是指模特运用肢体语言来展示服装风采、特点的能力。它包含着模特的气质、风度及性格等特点，模特的表演动作与服装的风格和谐一致，模特与服装达到整体统一，通过模特身上表现出来的精神风貌，给服装渲染上性格和感情色彩。所以，无论是模特个人的表演动作，还是模特整体表演的造型构图，都应该以突出服装的内涵、款式和特点为目的，始终以"表达服装"为宗旨。

1. **模特个体表演动作的选择**　在服装展示中，当模特表演，尤其是模特的造型动作与服装风格和谐一致时，就能使模特与服装达到整体统一。因此，模特表演动作的恰当与否，直接影响表演的质量。服装表演编导应该在排练前做好必要的动作设计，并在排练过程中对每位模特的表演逐一检验。

模特的表演动作可根据服装类型进行选择。

（1）职业类服装：职业装多为正规套装，所以为模特设计造型时，也应该采用比较正规的、简单而大方的造型动作，以表达职业装带给人庄重、自信、典雅和坚韧的感觉。例如，中速的平脚步，丁字的不同角度的前脚虚步定位，上步或移步转身等（图7-25）。

（2）休闲类服装：休闲类服装可以分为职业休闲装、运动休闲装、家居休闲装及青春活力装。

①职业休闲装：为人们在日常工作中所穿着。与西服类严谨而正规的套装相比，它是比较舒适的服装，多为单件或连衣类。因此，在表演时，可以选择与上述职业类服装相同的动作，在面部表情及动作的完成过程中稍将肌肉放松，给人以愉快、舒畅、忙中偷闲的感觉（图7-26）。

图 7-25

图 7-26

②运动休闲装和家居休闲装：多为人们在轻松、愉快、悠闲的环境中穿着，具有披、挂、悬、脱等比较自如随意的特点。在表演中可充分利用转头、抬臂、叉腰及腿部造型等幅度较大的造型动作，表现服装带给人的自由、安逸、轻松、祥和的感觉。例如，较为轻松随意的步伐，分脚正步或小踏步的定位造型，退步或插步转身等（图7-27）。

③青春活力装：多为青少年穿着。在设计表演动作时，应突出表现服装带给人的纯洁、健康、朝气蓬勃、旺盛的生命力之感（图7-28）。表演中多采用轻快、敏捷、活泼，甚至比较夸张的节奏感强的动作。例如，轻松活泼的跑跳步、踮脚或勾脚步，前脚或后脚的虚步定位、上步或退步转身、平步转身等。

图 7-27

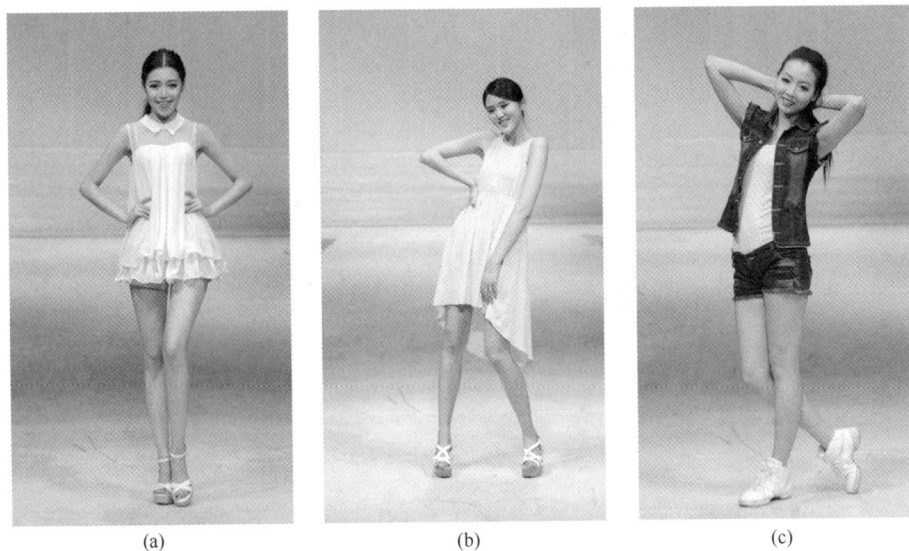

图 7-28

（3）内衣类服装：内衣类服装多为高腰、低胸、紧身且较暴露的款式，目的是借助服装来表现人体的自然美。在设计表演动作时力求自然、轻盈、洒脱，注重表现优美的人体曲线。例如，中快速的踮脚或勾脚提胯步、回身大角度造型、上步转身等（图 7-29）。

（4）民族特色服装：这类服装多是借鉴某个国家或民族的服饰特点而设计的，因此在表演中可以根据该民族的特点设计表演动作，并可以借鉴该民族的舞蹈动作设计步伐或造型（图 7-30）。

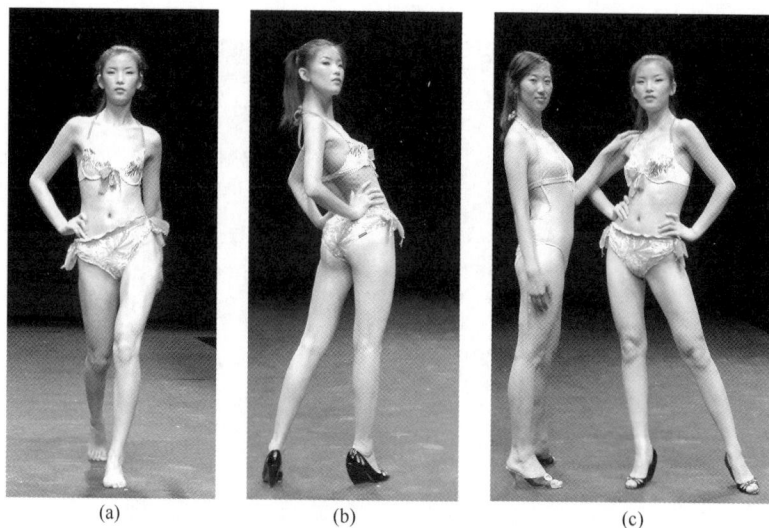

(a)　　　　　　　(b)　　　　　　　　(c)

图 7-29

(a)

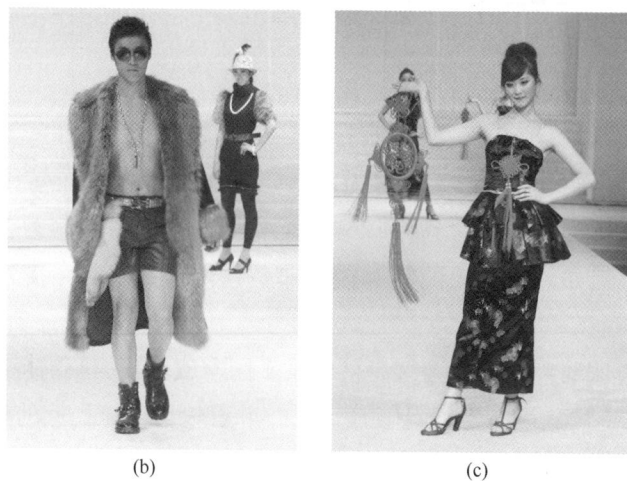

(b)　　　　　　　　(c)

图 7-30

（5）礼服类服装：礼服类服装以旗袍、晚礼服及婚纱类的长礼服为主，体现出高雅华贵、成熟含蓄的气质，造型缓慢沉稳、轻柔大方（图7-31）。例如，慢速提胯画圈步，较为拘谨细腻的正、侧面前脚虚步造型，上步或四步转身等。

（6）概念类服装：概念类服装多为现代生活中无法穿戴的服装，甚至有很多是各种非服用面料制作的纯艺术性服装。这类服装有的是以历史朝代、典故、民族风情为创作源泉的文化性服装，还有的是通过对自然景物的夸大、变异或对未来超前幻想的灵感性服装（图7-32）。模特在表演中可以使用较慢的台步及各种夸张的造型动作，注重静态的写意，突出服装的语言特色。

图7-31

(a)

(b)

图7-32

2. **模特整体舞台造型的设计**　为了增强表演力度，更好地渲染气氛，常常需要多个模特同时上台表演。这时，对于服装的表现，除了单个模特的造型之外，还需要服装表演编导为台上全体模特设计舞台整体构图，以创造出气氛浓郁、气势庞大的画面来对服装加以强调。这一构图是舞台的瞬间画面。对于舞台构图复杂的大型演出，通常需要编导事先设计好再进行排练。整体造型构图一般在一组表演的开头或结束时运用。

对舞台整体构图的设计，可以借鉴构成艺术中的"形式美"法则。

（1）运用对称和平衡规律设计的舞台造型：对称是表现平衡的完美形式，是人们生活中最为常见的构成形式。这种造型给人稳定、庄严的感觉（图7-33）。

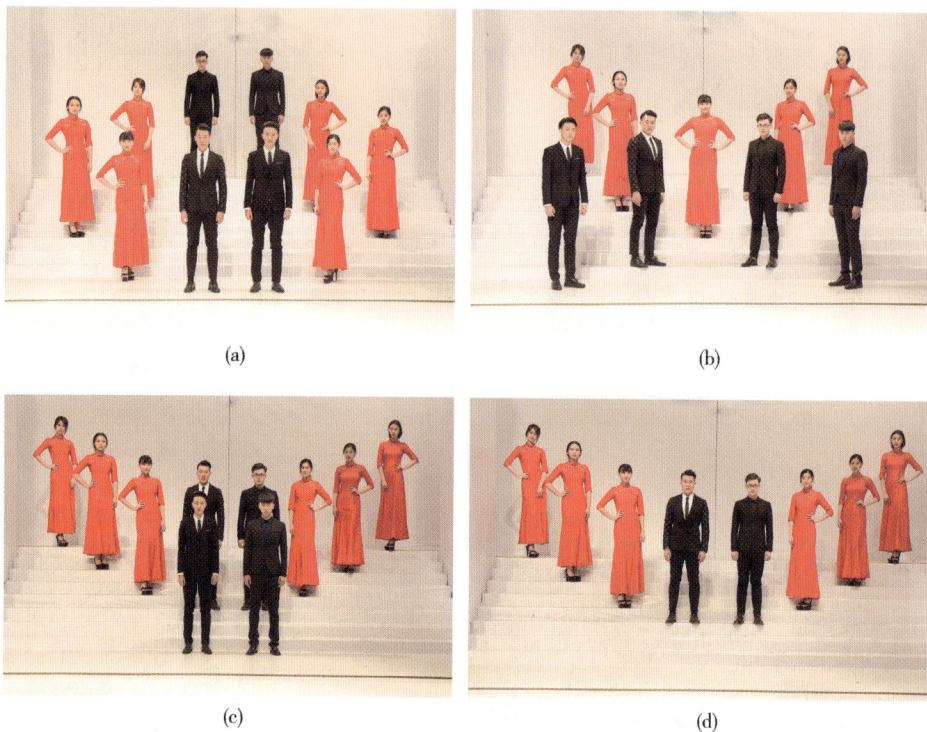

(a)

(b)

(c)

(d)

图7-33

（2）运用重复和群化规律设计的舞台造型：这种造型同样给人以井然有序的秩序美和整齐美，而且克服了对称造型给人的单调和古板的感觉，在秩序和整齐中富有变化（图7-34）。

(a)

(b)

(c)   (d)

图 7-34

（3）运用节奏和韵律规律设计的舞台造型：节奏和韵律是借用了音乐艺术的用语，其特点是在具有一定秩序美的同时，又呈现一种跃动的感觉，给人以活力和魅力（图 7-35）。

图 7-35

（4）运用对比和变化规律设计的舞台造型：对比所产生的效果就是变化。适度的对比和变化会给人一种和谐一致的美感。例如，图 7-36 造型中所运用的男女模特形成的直线与曲线的对比和变化。

(a)   (b)

图 7-36

（5）运用破规和变异规律设计的舞台造型：破规与变异反映出的是一种打破常规的美、创新的美。这种美带给人的感觉是耳目一新、标新立异、印象深刻（图 7-37）。

图 7-37

小结

1. 一般情况下模特的挑选者是编导或是服装设计师；挑选的方法可以采取直接面试和间接面试；演出中模特数量的确定取决于服装的数量、舞台的大小和走台方式、更衣室距舞台背景板的距离、服装穿脱时的复杂程度；对于模特的要求要根据服装的款式和表演的风格而定。

2. 在分配服装时，编导或服装设计师要根据演出的性质，再根据模特的气质特征和服装特点，给模特分配表演服装。在演出之前，每位模特还应按照编排对自己的服装进行试穿。

3. 服装管理是服装表演中不容忽视的工作，工作人员在模特试穿服装的过程中要填写试衣单，填写后按照序号进行分类放好，每次演出之前，要对服装进行全面检查。

4. 整体表演风格的设计分为简洁随意型和刻意设计型。

5. 表演程序分为开场、高潮、结尾三部分，一台服装表演从开场→高潮→低潮→高潮→低潮……结尾，是一个有高有低的过程。

6. 走台路线设计是表演编排中的重要部分，根据模特行走的轨迹可分为直线、折线和曲线三种；根据每组模特人数又可分为单人和多人几种。

7. 无论是模特个人的表演动作，还是模特整体表演的造型构图，都应以突出服装的内涵、款式和特点为目的。

思考题

1. 挑选模特的方法有哪些？

2. 确定服装表演的人数与哪些因素有关？

3. 不同服装对模特的要求有哪些?

4. 怎样分配表演服装?

5. 怎样确定表演程序? 举例说明。

6. 练习绘制不同人数组合的线路图。

7. 怎样进行模特整体舞台的造型设计?

8. 设计几种情景表演。

与服装表演相关的人员

课题名称： 与服装表演相关的人员

课题内容： 服装表演编导

服装设计师

舞台监督

音响师

灯光师

视频播放师

模特管理

化妆师与发型师

主持人与解说员

催场员

换衣工

其他人员

课题时间： 2课时

教学目的： 使学生了解与服装表演相关的人员。

教学方式： 理论讲授。

教学要求： 了解与服装表演相关的具体人员及其工作内容。

第八章　与服装表演相关的人员

　　一场服装表演，观众欣赏到的是美丽的服装模特在T型台上的精彩展示。但在舞台的背后，还有一些默默工作的"幕后英雄"，他们在自己的岗位上各尽其职，发挥着重要的作用。

　　对于模特来说，和台前幕后的工作人员的配合是至关重要的，这就要求模特首先要理解编导等相关人员的意图，然后再通过自己的努力和相关人员的配合顺利完成演出任务。

一、服装表演编导

　　服装表演编导是"幕后英雄"中的关键人物，在一场服装表演中占有举足轻重的位置。其作用和意义及工作职责，在第二章已叙述过，本章不再赘述。目前，每位编导在演出现场都配有一位助手，也可称之为编导助理或副编导，主要职责是明确总编导的总体安排，并把具体工作安排给其他工作人员，此人员的任务较重要，要具有一定的演出经验，良好的组织能力和协调能力，对于出现意想不到的情况能够冷静处理。

二、服装设计师

　　任何一场服装表演的成功都离不开所展示的服装，而这些服装作品的集大成者就是服装设计师，所以服装设计师是一场服装表演中重要的"幕后英雄"。

　　在排练期间，如果服装设计师参与排练则需要与编导沟通，并向模特说明所展示服装的主题及表演要领。有时，服装设计师还要肩负编导的任务。首先要考虑各套服装与服装模特的自然条件是否相配，因为只有设计师才最了解自己服装的风格特点；然后再把整场表演最能体现主题、最有代表性的服装发给对服装理解、把握到位的服装模特，或者可以说发给走主秀的名模，他们会用极其到位的方式诠释服装。

三、舞台监督

舞台监督的职责是对整场表演的过程进行监督，确保音乐、灯光、背景与策划方案一致，协调每场之间顺利地衔接，使服装表演能够按照要求圆满完成。根据工作性质的要求，舞台监督应由一位头脑清晰、反应敏捷、富有经验的人员担任。舞台监督要对整场服装表演策划的细节熟记在心，包括每场的背景、灯光、音乐，模特上场、退场顺序，展示的是哪一款服装，上场方式及走台方式等。在演出过程中，监督要配有对讲设备，一方面和前台工作人员联系，提醒有关人员更换背景、变换灯光及音乐；另一方面提醒后台模特及时准确地陆续上场。一旦出现意外，必须当机立断，做出处理，保证演出顺利进行。

四、音响师

音乐虽然可以脱离服装表演而存在，但在当今社会，服装表演却不能没有音乐。可以试想一下，服装模特走在无声的舞台上会是一种什么样的效果？由此可见，音响师在服装表演中的作用也是不可低估的。

音响师的职责就是利用所掌握的音响设备，按照编导的整体构思和具体要求播放已选好的音乐。有时也需要音响师按照服装设计师或编导的意愿来选择适合服装表演特点的音乐。

音响师还应熟悉表演场地，并参与所有的配乐排练，在演出前还要测试音乐系统以及整套播放系统的效果（图 8-1）。

图 8-1

五、灯光师

灯光是服装表演的一个重要组成部分。灯光师的职责就是利用所掌握的灯光调控设备，把对服装主题的理解以及编导、服装设计师的意图利用灯光效果表现出来。

灯光的强弱、色彩变幻能更好地烘托整场服装表演的气氛。演出的开始灯光是暗的，随着音乐渐渐响起，灯光也随之提亮。可以说观众的视觉最先感受到的是灯光的变化，然后才是服装模特在场上的表演。可见，灯光师的任务也很重要。合格的灯光师能够把握住灯光的自然规律，为服装表演服务，而不是一味地注重灯光变化，过分地强调灯光。所以，灯光师要配合编导，并做到随时检查和调试，以求在演出时达到最佳效果。

六、视频播放师

随着舞台设计在时装表演中的地位变化，舞台上采用 LED 大屏幕和高流量大投影的居多，传统的方法是只靠灯光的效果强化服装表演的主题，而今不断地融入了现代科技多种元素来呈现舞台效果。那么，随即就出现了视频制作和操作人员，服装表演行业称之为视频播放师。视频播放师和灯光师、音响师一样都属于舞台美术设计工作人员的范畴，除了要求其熟练掌握视频相关专业知识，能进行视频特效制作、演出前期摄录、播放视频等工作，还要有较强的团队精神、相关的工作经验等。

七、模特管理

模特管理一般出现在各类模特大赛当中，主要负责在大赛期间（包括比赛现场）对模特进行组织和管理。其具体职责是首先要熟悉每位模特的基本情况，其次模特的报到、比赛期间的日常起居，也就是除了模特上场以外的其他琐事都要负责。这项工作没有什么技术上的难度，但要求管理人员要有足够的耐心及良好的组织、协调、沟通能力，还要细致周全，及时发现出现的各种问题，应变能力较强，有效帮助处理和解决问题。对于其他类型的演出，如果有条件的话，也可以安排模特管理，这样可以使团队分工更加明确，各司其职。

八、化妆师与发型师

化妆师与发型师的工作是根据编导、设计师的要求或服装表演的主题对模特进行妆容和发型设计，并组织相关人员实施。在一场主题明确的服装表演会上，编导或服装设计师对服装模特造型的要求会有所不同。

　　如果是时装发布会，化妆师与发型师要按照服装设计师的要求给模特进行统一的头面设计。它可以是非生活化的前卫设计，可夸张、大胆些，但要注意这种妆容、发型要和整体保持协调一致，最好是让观众区分不出每个模特，得以更好地把注意力集中到服装本身；但如果是模特比赛，化妆师和发型师就要把握好每个参赛模特的个性特点，整体设计要贴近自然，既要符合整个比赛的风格，又要充分体现出每个模特的特点。

　　需要注意的是，在彩排或正式演出之前，编导要给化妆师与发型师留有充足的时间和专业的场地，以便对模特进行妆容、发型的设计。除此之外，在演出中场，模特因穿脱服装会出现脱妆现象，化妆师还应能够尽可能补妆，使模特在台上展示最完美的一面（图8-2）。

图 8-2

　　对于一些小型服装表演，常常不需要由专业化妆师与发型师为模特定发型和妆容，而是根据需要由模特自己完成。

九、主持人与解说员

（一）主持人

　　一般竞赛类的服装表演设有主持人。这种类型的主持人在形象上应具亲和力，表达能力与随机应变的能力也都要很强，还要能掌握好演出的节奏。有很多比赛特意邀请名模来主持，因为他们比较熟悉服装表演的内涵，能够充分发挥其职业特点。由名模做主持人还能因名人效应提高收视率，提升正常演出的品位。有时主持人也承担解说工作。

（二）解说员

服装表演中的解说可分为现场解说和幕后解说两种形式。因此，与之相对应的，也有现场解说员和幕后解说员两种。

1. **现场解说**　现场解说就是解说员到幕前解说（图 8-3）。这种形式要求解说员具备专业主持人的素质。

2. **幕后解说**　幕后解说就是解说员在幕后工作（图 8-4）。一般对幕后解说员只要求声音动听、口齿伶俐，并能做到和服装模特的表演密切配合，不强调解说员的形象。

图 8-3

图 8-4

两种解说员都要以良好的专业水准完成工作任务。对服装表演的整体风格以及需要特别强调的服装有所了解。熟悉解说词，在服装模特出现差错时，解说员能够机智地吸引观众的注意力，自然地找到其他话题，以此化解尴尬的局面。

十、催场员

催场员是在后台工作的，其主要职责是督促服装模特按编导事先排好的顺序出场、退场，并随时提醒每个服装模特要做好准备工作，迅速换上下一组服装，当换装完毕后马上到上场的出口处等候。

催场员的位置就是在服装模特上场的出口处，对即将上台展示的服装模特做最后检查。包括服装模特的整体形象、服饰、道具等是否出现疏漏，一旦发现问题要及时解决。

催场员的工作相对来说比较辛苦，因为其要来往于服装模特的换装地点与上场的出口处，并要时刻叮嘱服装模特不要出现差错。所以，催场员要有一定的耐性，要不厌其烦地反复做这项工作。

十一、换衣工

换衣工的工作看似简单，却是一个重要的幕后角色。在后台，放置的物品较多，也比较凌乱。这就要求换衣工头脑要清晰。每位模特所要展示的服装会有相应的照片挂在墙上或挂在衣架上。换衣工要了解整场服装表演的安排，要知道所负责的服装模特的穿衣顺序，按出场的先后整理好服装以及相搭配的鞋帽、饰物等。经过训练的换衣工，要达到能迅速地为服装模特拉开拉链、解开衣扣，并且避免多余的动作，做到简洁有序。

在大型的服装表演中，一个换衣工负责一名服装模特，中小型的服装表演中一个换衣工要负责三四名模特。同时，换衣工还需看管好服装，随时对服装及配饰等进行清点和检查，衣物有弄坏的地方要及时进行修补。

十二、其他人员

（一）礼仪人员

一般在服装表演的场地内会设有来宾接待处，同时会在入口处安排一些礼仪人员。礼仪人员要求品貌端庄，身着相应服装，做到彬彬有礼。在接待处被邀请的来宾首先要签名，礼仪人员要把本次演出相关的资料和礼品递交给他们，并引导其坐到相应的位置上。礼仪人员也可以由模特客串。

如果是颁奖晚会，礼仪人员还要为颁奖服务，这就要求礼仪人员把颁奖嘉宾事先带到上场的入口处。根据主办方的要求，在相应的时间示意嘉宾上台给相关人员进行颁奖。此程序一定要进行排练，否则在正式颁奖时很容易出现混乱局面。

（二）摄影师、摄像师

摄影师在台下是最为活跃的人员，摄影师也是模特的业务伙伴，对模特的文化包装起着不可估量的作用。一般情况下，摄影师都是主办单位邀请来的，而为了新闻报道或是作为资料，他们也很愿意参加服装发布会、专业赛事等服装表演活动。把瞬间的精彩留为永久的回忆是摄影师的职业任务。摄影师的抓拍技术一定要好，专业的摄影师可以把每个模特的气质充分体现出来。当有摄影师在场时，模特要注意和摄影师合作。

服装表演常常是录播的，这就要有摄像师的配合（图8-5），摄像师有固定的机位，还可流动拍摄。为了使录像看上去自然得体，模特在台上表演一定不要过分顾及摄像师的存在，而要把注意力集中在服装展示上，这样才会没有做作、生硬感，拍出来的效果才会更真实。

图 8-5

（三）宣传人员

宣传人员要有较强的社交能力，把服装表演的相关事宜在新闻媒体上（如电视台、电台、杂志、报纸等）做及时的宣传报道，使媒体或赞助商产生浓厚的兴趣，并产生极大的社会影响，从而扩大知名度。

总之，所有与服装表演相关的人员都要具有相应的专业技能，同时还要具备良好的思想觉悟、工作作风，有较强的临场反应能力和不畏辛苦的奉献精神。

小结

与服装表演相关的人员包括服装表演编导、服装设计师、舞台监督、音响师、灯光师、视频播放师、模特管理、化妆师与发型师、主持人与解说员等。

思考题

1. 与服装表演相关的人员包括哪些？
2. 主持人与解说员有何不同？
3. 舞台监督、催场员的主要工作是什么？

服装表演视觉形象设计

课题名称： 服装表演视觉形象设计

课题内容： 表演场地外围的视觉形象设计

表演场地内的视觉形象设计

其他宣传性的形象设计

课题时间： 6课时

教学目的： 使学生掌握表演场地内外及其他宣传性的视觉形象设计。

教学方式： 以教师讲授为主，同时给学生选择一些恰当的范例进行理论联系实际的引导。

教学要求： 1.掌握服装表演的海报、刀旗、横幅、路标的设计方法。

2.掌握如何设计服装表演的签到区、观众席及舞台演出前的状态。

3.掌握请柬、入场券、工作证、宣传册等宣传性物品的设计方法。

第九章　服装表演视觉形象设计

　　服装表演是一门综合性的艺术形式，其综合性也体现在它是视觉艺术和听觉艺术的综合。视觉形象在正式演出开始前就已经对观众产生影响了，对整场服装表演所要体现的风格、理念给予了暗示和烘托。

一、表演场地外围的视觉形象设计

（一）海报

　　海报又称"招贴"或"宣传画"，一般张贴在演出场所外或观众群体集中处（图9-1~图9-3）。海报设计总的要求是使人一目了然，一定要具体写明服装表演的主题、演出的时间、地点及主办机构等要素。有赞助单位的，也要列出赞助单位。如果是国际性的演出，还要有相应的英文标注。具体设计时，主题要做到明确醒目、一目了然，如"××品牌发布会""汉帛奖"第21届中国国际青年设计师时装作品大赛等。时间、地点、附注等主要内容要以简洁、精炼的语句表达出来。由于海报是给远距离的、走动的人们观看的，所以文字、色彩要突出，且宜少不宜多，形象要素一般不宜过分细致周详，要概括。一般以图片为主，文案为辅，版式上讲求做些艺术性的处理，以吸引观众。海报由于张贴于公共场所，会受到周围环境和各种因素的干扰，所以必须以大尺寸画面展现在人们面前。其画面尺寸一般为全开、对开或者特大画面（八张全开）等。

图 9-1

图 9-2

图 9-3

（二）刀旗

刀旗是因其形状而得名，原指形状如刀的旗帜，但现代的广告刀旗，已经没有了刀的形状，大多是长方形的，通常悬挂在路灯灯柱上。刀旗应当设置在演出场地周边以及道路的主路、辅路和便道的两侧。由于其有两条边固定，所以无论有风或无风都能伸展，便于观看。通常一场演出会设计数款刀旗，刀旗的重复出现，能够起到加强宣传的作用。

设置路边刀旗时要注意刀旗的总高度不超过 2m。三角形刀旗，其立边长度（高度）不超过 0.5m，底边长度（宽度）不超过 0.5m；方形刀旗，其立边长度（高度）不超过 0.7m，底边长度（宽度）不超过 0.5m。

（三）横幅

横幅与海报和刀旗的作用相同，都是为了宣传演出，烘托气氛。可在演出场所周围明显位置悬挂设置（图 9-4）。横幅的文字、图形、色彩和版式等元素可参照海报及刀旗进行设计，视觉形象要统一、协调。

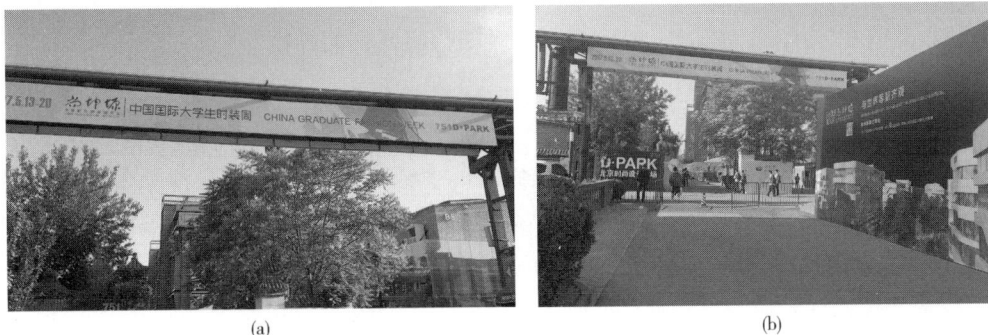

(a)　　　　　　　　　　　　　　　　(b)

图 9-4

（四）路标

当观众到达演出地点后，需要有路标指引他们进入服装表演场地（图 9-5）。清晰明确的路标指示牌实际上是对来宾的体贴和尊重，也是主办方策划水平的体现。来宾到达服装表演场地一般会选用不同的交通工具，设计时要考虑搭乘公共交通、开车、步行的来宾都能以最方便和醒目的方式看到演出的路标指示牌。在大门口、停车场、道路交叉口都要设有路标指示牌。

图 9-5

二、表演场地内的视觉形象设计

（一）签到区

签到区是嘉宾、观众到达服装表演现场的第一站，设计独特的签到区会给人留下很深刻的印象。虽然很多人在签到区停留的时间很短，但也要认真设计布置。签到区的设计包括签到台和签到背板。

签到台的设计，首先要考虑到签到台的高度，由于签到过程一般都是站着完成的，根据人体工程学中人体的立姿肘高尺寸（由于签字肘部支撑在台面上较舒适），将签到台的高度设计在 110~120cm 之间比较适宜。其次是签到台的材质、色彩和造型。由于嘉宾是近距离接触签到台，所以签到台采用的材质和做工要精致。在色彩和造型上要与整体环境和表演主题相吻合。最后是签到台的布置，一般在签到台上可以放置一些鲜花、一个与本场表演的服装风格相协调的签到簿，一个独特的名片收集容器以及一支精致的签到笔。

签到背板是重要嘉宾的"亮相舞台"，已经越来越成为媒体拍摄的背景元素，所以签到背板的设计也不能忽视。设计时既要考虑到签到背板的材质、色彩和图文元素要符合服装表演的主体风格，同时也要考虑到可以陪衬出嘉宾们的精彩礼服。

（二）观众席

观众席的设计和制作要体现人性化原则。一方面观众席的高度、视觉角度和座席的软硬度、舒适度，都是设计制作时要为观众观看演出而考虑的，另一方面还要考虑到观众席的色彩、材质要与演出的舞美设计相协调。

（三）演出前的舞台区

一般情况下，嘉宾和普通观众都会在演出开始前提前入场，这样人们就会注意到演出前的舞台区状态，包括舞台背景板和舞台灯光等的呈现方式。这时可以选择使用 LED 屏幕或投影的方式播放一些相关的视频短片，吸引其观看接下来的正式演出；也可以选择简单的灯光或投影突出品牌 LOGO。

三、其他宣传性的形象设计

（一）请柬

请柬的必要性在于能够通过其造型、材质、色调、语言风格传达出本场服装表演的基调和氛围，而且书面邀请比电话邀请显得更为正式。嘉宾可以保存请柬用以备忘演出的日期、时间和地点，也可以将它当做演出的纪念品长久保存下来。

请柬一般分为双柬帖和单柬帖。双柬帖的封面印上或写明"请柬"二字，一般应做些艺术加工，如采用特殊字体或图案装饰等，封底标注上演出地点及周边的简要地图。单柬帖的"请柬"二字写在顶端第一行，字体较正文稍大。无论是单帖还是双帖，在帖文行文方面大致是一样的。帖文首行顶格书写被邀请者的姓名或被邀请单位的名称（有的请柬把被邀请者的姓名或单位名称放在末行，也要顶格书写）；写明被邀请者参加活动的内容，如参加"××品牌发布会"，并注明具体时间、地点；若有其他活动，如参加晚宴、新闻发布会等，应在请柬上注明或附入场券；结尾写"敬请光临""致以敬礼"等；落款应写明邀请人的单位或姓名和发出请柬的时间。

（二）入场券

入场券是指进入比赛、演出、会议、展览会等表演场地的入门凭证（图9-6、图9-7）。服装表演的入场券应注明演出时间、演出地点及周边的简要地图、交通线路、主办单位、协办单位及持券者应注意的事项。

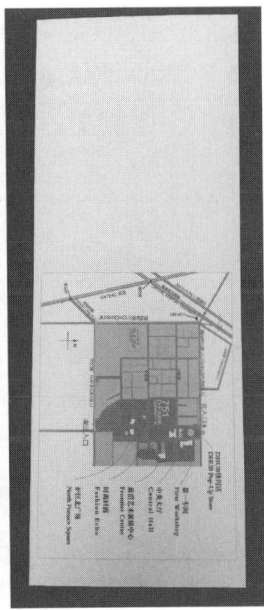

(a)　　　　　　(b)

图9-6

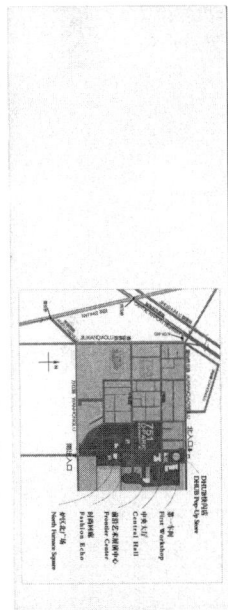

(a)　　　　　　(b)

图9-7

（三）工作证

工作人员为了便于被识别和方便出入演出场地及后台，都会佩戴统一的工作证，通常要塑封好并串以条带（图9-8）。工作证也能从一个侧面透露出整场演出的风格，所以，工作证设计应该包含该场演出的主题、风格等形象设计元素，有时在条带设计上也有所体现。

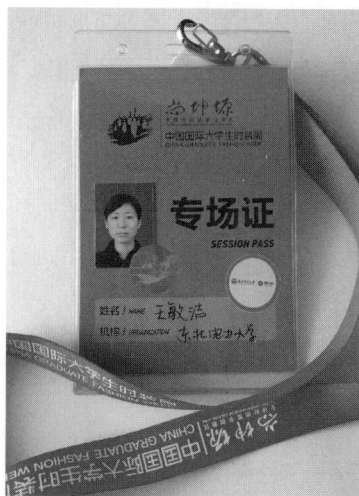

图 9-8

（四）宣传册（光盘）

一般的服装发布会，厂家还会设计制作一些宣传册或光盘作为宣传资料发放给嘉宾和观众，使他们在观看过演出之后，持续对该品牌服装进行关注，加深印象，加强了解。

宣传册的文字、图形、色彩、编排要能够体现品牌的内涵和服装的风格，并与本场演出相融合，达到和谐、完美的视觉效果。宣传册的外观要精美大气，内容可以是对品牌及服装新品的介绍，也可以体现出企业的文化、实力和发展前景。宣传册大小通常为 16 开或 32 开，一般采用铜版纸印刷。光盘的设计与宣传册设计大致相同。

（五）礼品

有些服装表演的主办方还会为嘉宾准备礼品，一方面能够与嘉宾联络感情，另一方面也是对品牌的展示和宣传。所以在礼品的选择上，要既能体现品牌的特点，又显得独特、精致为佳。另外，在礼品袋的设计上也不可忽略，一款精美的礼品袋可以更好地衬托出礼品的品质。

小结

1. 表演场地外围的视觉形象设计包括：海报、刀旗、横幅、路标。

2. 海报设计一定要具体地写明服装表演的主题、演出的时间、地点及主办机构等要素。有赞助单位的，也要列出赞助单位。

3. 表演场地内的视觉形象设计包括：签到区、观众席和演出前的舞台区。

4. 签到区的设计包括签到台和签到背板的设计。

5. 服装表演的入场券应注明演出时间、演出地点及周边的简要地图、交通线路、主办单位、协办单位及持券者应注意的事项。

思考题

1. 表演场地外围的视觉形象设计包括哪些？

2. 如何设计服装表演的海报？

3. 服装表演请柬的作用有哪些？

服装表演经费

课题名称：服装表演经费

课题内容：演出经费预算

演出经费预算的原则

可能发生的演出费用

演出经费的筹备

演出经费的使用

推销演出

课题时间：4 课时

教学目的：使学生对演出经费预算及具体内容有一个全面的了解。

教学方式：以教师讲授为主，同时选择一些恰当的范例对学生进行理论联系实际的
引导。

教学要求：1. 了解演出经费预算的含义。

2. 掌握演出经费预算的原则。

3. 掌握演出可能发生的具体费用。

4. 了解演出经费筹备的办法及推销演出的措施。

第十章　服装表演经费

　　筹划一场服装表演，无论是经营性演出还是非经营性演出，经费都是首先要考虑的问题。策划者要根据表演的层次、内容、场次、模特数量等做好预算安排。对于一名服装表演的筹划与组织者来说，经费预算是一项非常重要的工作。

一、演出经费预算

　　预算就是对一场服装表演的演出工程的收入和支出、节余等进行预测与估算。预算是策划过程中的一个必要组成部分，必须要留有余地。策划组织者通过经费预算监控目标的实施进度，控制好各项开支，从而保证演出的顺利进行。根据演出的目的不同对经费的控制目标也不尽相同。模特经纪公司的经营性演出要考虑最大的利润收入，非经营性演出应保证演出的效果和经费的消费最小化。

　　一场服装表演要有一定的先期投入。组织者要根据经费的多少，确定演出的场地档次及模特数量等。

二、演出经费预算的原则

（一）细致稳妥

　　做经费预算时，要全面掌握整个准备过程和演出环节可能发生的费用，同时还要了解演出市场行情及其他费用情况。对可能发生的费用做出较为精确的预算。预算指标既要科学合理，又要具有可操作性，特别是根据市场可能出现的变化，预算要留有余地，以免因经费不足而影响演出计划的实施。

（二）实事求是

　　编制经费预算时要本着实事求是的原则，模特经纪公司做的经费预算在保证利润的前提下，要注意标值的可行性，既要有利润又要做成合同。非经营性演出的策划者，应本着节约办事的原则，本着少花钱多办事和对上级负责的态度做好经费预算，做到保证演出效果的同时尽量减少开支。

三、可能发生的演出费用

（一）场地租赁费

对于需租赁表演场地的演出，场地租赁费是所有费用中支出最大的一项。考虑场地租赁时，要注意场地出租方是否提供灯光、音响和表演台，否则要将灯光、音响、舞台租赁或自制的费用纳入预算。还有场地租赁费的内容是否包括现场卫生、保安人员费用等，这些在做预算时也要考虑进去。

计算场地租赁费时，要将在搭建设备的时间、演出的时间、供应茶点的时间和清洁卫生的时间内发生的费用都算进去。如果需要前期排练，使用表演场地的费用也必须包含在开支中；如果不使用表演场地排练，就要安排另外的场地，这个费用也须纳入预算。

（二）音乐、灯光制作费

1. **音乐制作费**　音乐制作费是指为满足演出的需要进行音乐编辑或请人为演出制作音乐发生的费用。

2. **灯光制作费**　灯光制作是指专门制作幻灯（投影）片、特殊计算机灯光等的工作。

一般情况下，设计师专场发布会等大型专业性表演需要进行音乐、灯光制作，从而发生费用，而其他演出一般不需考虑灯光制作费用的问题。

（三）模特出场费和编导费

1. **模特出场费**　模特出场费一般来说任何一场表演都需要支付。其出场费通常是根据模特的类别来确定的。

目前，国内模特分为：中国超级名模（荣获中国时尚大奖——年度最佳职业时装模特称号的模特），中国名模（超 A）（荣获中国时尚大奖——年度十佳职业时装模特称号的模特），A 类模特（职业时装模特委员会认定的大赛冠军、亚军、季军获得者），B 类模特（职业时装模特委员会认定的大赛十佳、单项奖获得者），C 类模特（职业时装模特委员会各委员单位的优秀签约模特），普通模特以及上述分类之外的模特。

模特的出场费可按小时、日或场来计算。

2. **编导费**　编导是一场演出的关键人物，编导工作是一项兼具技术性和艺术性的工作，其工作状态直接决定整场演出的效果。所以对编导的酬金一定要做得精确、合理，这也是不可低估的一项预算。

（四）工作人员费

服装表演的工作人员很多，在做预算时应根据人员的位置进行分类，以免出现酬金遗漏或重复计算的状况。

其工作人员包括：舞台监督、音响师、灯光师、视频播放师、模特管理、化妆师和发型师、主持人（解说员）、催场员、换衣工、修衣工、熨烫工、道具管理员、礼仪人员、摄影师、摄像师、宣传人员等。

（五）交通费

交通费应包括外地模特的往来交通费、市内排练及演出往返交通费、服装和道具的运送费等。如果是模特大赛的话，模特的住宿费和往返交通费也要加以考虑。

（六）道具租赁费、饰品购买费

1. *道具租赁费*　道具租赁费主要是指为提高演出效果而租赁的大型道具所发生的费用。例如，租赁汽车、摩托车、自行车、桌椅、花草等的费用都属于道具租赁费。

2. *饰品购买费*　饰品购买费是指为提高演出效果而购买演出服装未提供的饰品而发生的费用。

（七）餐饮费

因演出的目的不同，发生的餐饮费也不同。餐饮费主要是指排练、演出期间的就餐和饮料费用。就餐人员应包括：全体演职人员、评委、嘉宾、现场的工作人员等。

（八）宣传费

宣传费包括媒体广告费，宣传品及邀请函、入场券、节目单的设计制作费等。新闻发布会、联络公关等活动发生的费用也应纳入宣传费的预算中。宣传费的开支收缩性较大，要根据实际科学地计算，不可过度浪费。

以上列出的是演出经费的预算。根据演出的性质和目的不同，有一些费用还没有列出，如礼品购买费、营业性演出发生的税费；又如服装大赛、模特比赛的评委费用等。在做演出预算时，还要考虑一定的不可预见费。

四、演出经费的筹备

对于需筹措资金的服装表演，解决资金的办法可采取两个渠道：一是向政府有关部门申请给予必要地演出经费或给予一定地补助；二是找商家或企业赞助，获得必要的经费。

（一）申请经费

对于政府部门主办或参与的服装表演活动，承办单位可向有关部门申请所需的演出费用或一定的经费补助，不足部分采取自筹的方式解决。

（二）引进资金

为解决演出经费不足部分，举办单位可引进一些企业或商家的赞助资金（物品）。目前，社会上对服装表演的认可也成为企业或商家对服装表演活动给予赞助的动机，因为他们可以获得一定的广告效应。

对于赞助单位，可采用以下几种方式进行回报。

（1）给予赞助单位冠名权，这种方式适用于服装大赛、模特大赛等赛事类服装表演。例如，"汉帛奖"（中国）国际青年服装设计师大赛、"中华杯"上海国际服装设计大赛等，都是由企业赞助并冠名的。

（2）充分利用演出现场为赞助单位做广告。根据演出场地的不同，在演出的现场采取悬挂条幅、宣传画板或实物摆放等形式对赞助企业进行宣传。

（3）利用入场券、请柬、宣传品等为赞助单位做广告。

五、演出经费的使用

经费筹集到位之后，各部门的工作人员就可以按部就班、各司其职地开展工作。虽然经过了周密的计划，但在实际运作过程中，开支仍可能会与预算中的数目不同。因此，管理人员应记录每一笔实际的开支并与预算做比较，从中发现预算是否现实、哪些开支是没有预见到的、是否有利润实现、票房收入和赞助款是否超过了支出费用等，通过总结找出预算存在的问题，以利于今后的工作。

六、推销演出

"酒香不怕巷子深"已成为历史。伴随着信息社会的到来，信息传播速度的加快所带来的效应越来越明显。对此，人们已经有了充分的认识，并在利用不同的手段为自己的产品、企业形象等进行大力宣传。一场服装表演也好比是一件产品，也需要宣传、推销，使社会对表演的内容有所了解，从而扩大演出影响，达到演出目的。对于不同规模、不同性质的演出，可选择不同的推销方法。

（一）新闻发布

新闻发布可以通过两种形式进行：一是新闻发布会（需要到有关部门办理审批手续），二是记者招待会。两种形式都是请相关记者参加，通过新闻单位宣传演出。新闻发布介绍的主要内容有演出动机、时装设计师、模特阵容、演出时间和地点、演出的特点以及赞助商的有关情况等。根据举行发布会的时间可分为先期发布和近期发布。

（1）先期发布：在策划一场服装表演的启动阶段就进行新闻发布，这样有利于记者对整个演出的全过程跟踪采访，做出及时报道，以便加大宣传力度。

（2）近期发布：在服装表演临近时，组织新闻发布，这样能使新闻报道在一个相对集中的时间内与外界见面，也可达到强化宣传、推销的目的。

一般大型、正规的服装表演，常采用新闻发布的形式。新闻发布前一定要组织好有关资料，以供记者选用。

（二）广告宣传

广告是传播信息的一种有效方式。它可利用的工具有电视、网络、杂志、报纸、无线电广播、张贴广告、广告板、直接邮寄等。通过利用相应的工具可把服装表演的有关信息向社会传播。但利用这些工具做广告要支付给信息媒介一定的费用。

服装表演的组织者还可利用印制宣传册、节目单和门票为服装表演及赞助商做广告。

小结

1. 演出经费预算是对一场服装表演的演出工程的收入和支出、节余等进行预测与估算。预算必须留有余地，并且成为策划过程中的一个必要组成部分。

2. 演出经费预算要遵循细致稳妥、实事求是的原则。

3. 演出中可能发生的费用有场地租赁费、音乐（灯光）制作费、模特出场费和编导费、工作人员费、餐饮费等。

4. 演出经费的筹备包括申请经费、引进资金两个渠道。

5. 演出可以采取新闻发布和广告宣传的推销方法。

思考题

1. 服装表演经费预算的原则有哪些？

2. 列出服装表演可能发生的所有费用。

3. 怎样筹措演出经费？

4. 怎样推销服装表演？

参考文献

[1] 谭红翔. 会展策划实务 [M]. 北京：对外贸易大学出版社，2007.

[2] 沈骏，徐云望，赵承宗. 策划学 [M]. 上海：上海远东出版社，2005.

[3] 朱焕良. 服装表演教程 [M]. 北京：中国纺织出版社，2002.

[4] 朱焕良，向虹云. 服装表演编导与组织 [M]. 北京：中国纺织出版社，2006.

[5] 朱焕良. 服装表演基础 [M]. 北京：中国纺织出版社，2006.

[6] 包铭新，王小群，李霞. 服装表演艺术 [M]. 上海：东华大学出版社，2005.

[7] 埃弗雷特，等. 服装表演导航 [M]. 董清松，张玲，译. 北京：中国纺织出版社，2003.

[8] 李国辉，陈颖. 成为世界小姐 [M]. 广州：广州出版社，2003.

[9] 中国美发美容协会. 美容美发化妆师 [J]. 2007（1）（3）.

[10] 皇甫菊含. 服装表演教程 [M]. 南京：江苏美术出版社，1999.

[11] 徐宏力，吕国琼. 模特表演教程 [M]. 北京：中国纺织出版社，1997.

[12] 刘元风. 服装设计学 [M]. 北京：高等教育出版社，1997.

[13] 王耀华，伍湘涛. 音乐鉴赏 [M]. 北京：高等教育出版社，1998.

[14] 包铭新. 服装设计概论 [M]. 上海：上海科学技术出版社，2001.

[15] 章柏青，吴朋，蒋文光. 艺术词典 [M]. 北京：学苑出版社，1999.

[16] 张舰. T台幕后：时尚编导手记 [M]. 北京：中国纺织出版社，2009.

[17] 徐青青. 服装表演策划训练 [M]. 北京：中国纺织出版社，2006.

[18] 任斌. 现代数字媒介的视觉传达形式及其特征 [D]. 西安美术学院，2010.

[19] 关洁. 服装表演组织与编导 [M]. 北京：中国纺织出版社，2008.

[20] 刘晓刚. 服装品牌学 [M]. 东华大学出版社，2011.

[21] 高良，王子怡. 新媒体环境下传统文化的传播和可持续发展——以中国服饰文化为例 [J].
艺术百家，2011.

附录一 中国职业时装模特选拔大赛章程

第一章 总则

第一条 中国职业时装模特选拔大赛是由中国服装设计师协会和中国纺织服装教育学会联合主办，中国服装设计师协会职业模特委员会、东方宾利文化发展中心承办的全国性时装模特大赛。

第二条 中国职业时装模特选拔大赛的宗旨是为了推动我国时装模特职业化、规范化发展和教育水平提高，促进国内衣着消费需求和服装业持续、健康发展。

第三条 中国职业时装模特选拔大赛主要面向全国大中专院校时装设计、模特及相关专业在校学生选拔职业时装模特。

第四条 中国职业时装模特选拔大赛每年举办一次。

第二章 参赛报名

第五条 中国职业时装模特选拔大赛的报名时间为每年的 9 月 1 日开始。

第六条 中国职业时装模特选拔大赛报名条件：

1. 年龄：女 22 周岁以下，男 24 周岁以下；

2. 女模身高 172cm 以上、体重 60kg 以下，男模身高 182cm 以上、体重 80kg 以下；

3. 身体健康，五官端正；

4. 熟悉服装的基本知识；

5. 普通话流利，掌握简单的英语口语；

6. 遵纪守法，无犯罪记录。

第七条 报名须知：

1. 填写"中国职业时装模特选拔大赛报名表"一式两份；

2. 提交正面化妆头像特写彩照一张，正、侧、背面泳装全身照各一张（以上照片规格统一为 15cm×20cm）；

3. 提交学生证复印件并加盖校（系）印章。

第三章 比赛内容

第八条 中国职业时装模特选拔大赛比赛内容包括体态条件、感知能力、表现能力和职业意识。

第九条 参赛选手体态条件主要从以下方面评价：

1. 身高；

2. 上下身比例；

3. 三围比例；

4. 头围与肩宽的比例；

5. 五官比例。

第十条　参赛选手的感知能力主要从以下方面评价：

1. 视觉感知能力——造型艺术基础；

2. 听觉感知能力——声乐艺术基础；

3. 综合感知能力——文化水平。

第十一条　参赛选手的表现能力主要从以下方面评价：

1. 表情——对作品的情感理解；

2. 造型——对作品的风格表现；

3. 时代性——对时尚潮流的把握。

第十二条　参赛选手的职业意识主要从以下几个方面评价：

1. 整理服装及换装速度；

2. 整理发型及服饰技巧；

3. 与服装助理的配合状况；

4. 与同台模特的合作关系；

5. 对编导意图的理解程度；

6. 舞台纪律意识。

第四章　比赛程序

第十三条　中国职业时装模特选拔大赛由预赛阶段和全国总决赛阶段组成。

第十四条　中国职业时装模特选拔大赛由大赛组委会委托职业时装模特委员会成员单位或相关机构、社会团体承办地方分赛区，组委会派评审团督察各分赛区决赛选拔工作，通过分赛区的选拔确定女模 30 名、男模 30 名。

第十五条　中国职业时装模特选拔大赛决赛通过全国总决赛评选出中国职业时装模特男、女各 10 名，中国院校时装模特新秀和大赛的冠、亚、季军。

第五章　奖项设立

第十六条　中国职业时装模特选拔大赛决赛入围选手由中国职业时装模特选拔大赛组委会颁发荣誉证书。

第十七条　中国职业时装模特选拔大赛决赛第 11~20 名获得者由中国职业时装模特选拔大赛组委会颁发"中国院校时装模特新秀"荣誉证书，并向国内外著名模特经纪公司推介。

第十八条　中国职业时装模特选拔大赛决赛前 10 名获得者由中国职业时装模特选拔大赛组委会颁发"中国职业时装模特证书"，并推荐参加中国时装文化奖——年度最佳职业时装模特评选和国内外重大活动。

第十九条　中国职业时装模特选拔大赛冠、亚、季军由大赛组委会颁发荣誉证书。

第六章　附则

第二十条　中国职业时装模特选拔大赛组委会有权无偿使用入围选手的肖像进行大赛的宣传推广活动。

第二十一条　中国职业时装模特选拔大赛可冠名设奖，决赛地点和颁奖仪式由大赛组委会和赞助单位、协办单位共同商定。

第二十二条　本章程的解释权属于中国服装设计师协会。

全文摘自《第六届中国职业模特选拔大赛总决赛宣传册》

附录二　中国模特之星大赛章程

第一章　总则

第一条　中国模特之星大赛是由中国服装设计师协会、广西电视台主办，中国服装设计师协会、职业时装模特委员会、广西电视台都市频道和东方宾利文化发展中心联合承办的全国性时装模特大赛。

第二条　中国模特之星大赛的宗旨是为了开发模特资源，选拔模特新秀，为职业模特队伍输送优秀人才。

第三条　中国模特之星大赛主要通过职业时装模特委员会委员单位在全国各地选拔推荐模特新秀。

第四条　中国模特之星大赛每年举办一届。

第二章　参赛报名

第五条　中国模特之星大赛报名时间为每年的上半年开始。

第六条　中国模特之星大赛报名条件：

1. 年龄：女 20 周岁以下，男 24 周岁以下；

2. 女模身高 172cm 以上、体重 55kg 以下，男模身高 182cm 以上、体重 85kg 以下；

3. 身体健康，五官端正；

4. 熟悉服装的基本知识，具备基本艺术素养；

5. 普通话流利，掌握简单的英语口语；

6. 遵纪守法，无犯罪记录。

第七条　中国模特之星大赛报名须知：

1. 填写"中国模特之星大赛报名表"一份。

2. 提交正面化妆头像特写彩照一张，正、侧面无妆头像特写彩照各一张，半身自由照一张，正、侧、背面泳装全身彩照各一张（照片统一规格为 13cm×18cm）。

3. 提交身份证复印件或推荐人身份证复印件。

第三章　比赛内容

第八条　中国模特之星大赛比赛内容包括体态条件、感知能力、表现能力。

第九条　参赛选手体态条件主要从以下方面评价：

1. 身高；

2. 上下身比例；

3. 三围比例；

4. 头围与肩宽的比例；

5. 五官比例。

第十条　参赛选手的感知能力主要从以下方面评价：

1. 视觉感知能力——造型艺术基础；

2. 听觉感知能力——音乐艺术基础；

3. 综合感知能力——文化水平。

第十一条　参赛选手的表现能力主要从以下方面评价：

1. 表情——对作品的情感理解；

2. 造型——对作品的风格表现；

3. 时代性——对时尚潮流的把握。

第四章　比赛程序

第十二条　中国模特之星大赛由全国分赛区预赛阶段和全国总决赛阶段组成。

第十三条　中国模特之星大赛预赛由大赛组委会委托职业时装模特委员会成员单位或相关机构、社会团体承办，组委会派评审团督察各分赛区选拔工作，通过分赛区的选拔，确定女模 30 名、男模 30 名入围总决赛。

第十四条　中国模特之星大赛通过全国总决赛评选出男、女各 10 名"中国模特之星大赛十佳"职业时装模特和当届大赛的冠、亚、季军。

第五章　奖项设立

第十五条　中国模特大赛决赛入围选手由大赛组委会颁发荣誉证书并承担决赛的交通、食宿等费用。

第十六条　中国模特之星大赛总决赛前 10 名获得者由大赛组委会颁发"中国模特之星大赛'十佳'荣誉证书"，并向国内外著名模特经纪公司推荐参加国内、外重大活动。

第十七条　中国模特之星大赛总决赛冠、亚、季军由大赛组委会颁发荣誉证书，并推荐参加中国时尚大奖——年度最佳职业时装模特评选。

第六章　附则

第十八条　中国模特之星大赛组委会有权无偿使用入围选手的肖像进行大赛的宣传推广活动。

第十九条　中国模特之星大赛可冠名设奖，决赛地点和颁奖仪式由大赛组委会和赞助单位、协办单位共同商定。

第二十条　本章程的解释权属于中国模特之星大赛组委会。

全文摘自《第 13 届中国模特之星大赛宣传册》

附录三　汉英词汇对照表（服装表演专业）

（以在书中出现的先后为序）

第一章

服装表演 fashion show

策划 planning

基本原则 fundamental rule

流行趋势 fashion trend

服装设计 fashion design

商品展示 merchandise show

服装设计大赛 fashion design game

模特大赛 model game

学术交流 academic intercommunication

专场表演 specialized fashion presentations

设计师专场 designer show

义演 nonbenefit fashion show

观众 audience

观众规模 audience numbers

观众年龄 audience age

观众收入 audience income

观众职业 audience occupation

观众层次 audience level

主题 theme

演出时间 show time

演出风格 show style

演出地点 show place

接待 reception

安全 security

第二章

编导 choreographer

组织 coordination

编导作用 reasons for choreographer

编导职责 role of choreographing

选编音乐 select and edit music

画外音 voiceover

组织排练 coordinator run-through

协调关系 coordinating relations

工作步骤 stages of choreographer

专业素质 professional quality

专业知识 professional knowledge

理解能力 comprehensive ability

编导能力 choreographing ability

组织能力 organizing ability

社交能力 social contact ability

责任感 sense of responsibility

创新意识 sense of creation

第三章

表演主题 theme

确定主题 establishing theme

服装风格 dress style

时事 current affairs

艺术 art

季节 season

节假日 festival

冬装 winter wear

夏装 summer wear

春装 spring wear

秋装 autumn wear

男装 men's wear

女装 women's wear

童装 children's wear

品牌宣传 brand publicity

现代数字表现艺术设计 modern digital expression art
design

时尚音乐 fashion music

请柬 invitation card

海报设计 poster design

广告宣传 advertising

表演方式 style of acting

走台方式 walk the way

戏剧 theater and drama

舞蹈 dance

行为艺术 action art

双向调和 two-way mixed

观赏性 ornamental value

艺术品质 artistic quality

舞台设计 stage design

背景设计 the background design

周围环境氛围设计 ambient atmosphere design

设计灵感 design inspiration

主题背景 theme background

艺术风格 style of art

艺术作品 artistic work

数字媒体 digital media

数字媒介 digital media

信息数字化 digitization of information

数字媒体 digital media

室内设计 interior design

平面设计 graphic design

艺术色彩 color art

艺术价值 artistic value

商业价值 business value

3D 全息投影技术 3d front-projected holographic
display

背景音乐 background music

想象空间 imaginary space

听觉 auditory sense

画面感 sense of tableau

形 shape

音 sound

感官部分 the sensory part

礼节 ceremony

邀请 invite

第四章

选择服装 select merchandise

正规服装表演 formal fashion show

非正式的服装表演 informal fashion show

服装数量 merchandise quantity

促销类表演 promotion show

赛事类表演 game show

娱乐类表演 entertainment show

蝴蝶夫人 madama butterfly

东瀛 japan

中性化 neutralize

西装 business suit

现代风格 smartness

都市职业 metropolitan career

商务 business

雕塑感 sculpture

动感 innervation

粗糙 rough

花哨 gaudy

眼影 eye shadow

均匀度 uniformity

光泽感 gloss

五官 the five sense organs

粉底 foundation-make-up

唇彩 lip gloss

深浅度 depth of colour

第五章

音乐 music

旋律 cantus

音乐风格 music style

节奏 rhythm

纯音乐 absolute music

打击乐器 percussion instrument

音乐合成 music mix

伴奏 instrumental

现场演奏 live show

录制播放 taped show

音响系统 sound system

扩音系统 public address system

音响 acoustic system

录制音乐 taped music

道具 props

饰品 decoration

围巾 shawl

服装色彩 merchandise colors

伞 umbrella

眼镜 glasses

扇子 fan

香烟 cigarette

球拍 racket

服装风格 fashion style

艺术作品 style of art

类别 category

发源地 headstream

中世纪风格 medievalism

爱德华时期风格 Edwardian style

维多利亚风格 Victorian style

朋克教母 punk godmother

蕾丝 lace

立领 stand collar

褶皱 drape

荷叶边 falbala

包钮 package the new

高腰 high waist

地域 territory

土耳其风格 Turkish style

西班牙风格 alla spagnuola

蕾丝裙 lacy dress

斗牛士服饰 matador costumes

嬉皮风格 hippie style

朋克风格 the punk style

朋克之母 the mother of punk

反时髦 the anti-fashionable

反时尚 the anti-fashion

魅力 charm

优雅 grace

简洁 concise

自由 freedom

随意 at will

现代女性 modern woman

革命先锋 the revolutionary pioneer

克里诺林风格 creole style

巴斯尔风格 basil style

马尾毛 horse tail hair

丝 silk

棉织物 bafta

裙撑 pannier

宫廷 court

上流 upper reaches (of a river)

后腰 defensive midfielder

裙裾 train

气质 temperament

风度 demeanor

地位 status

骑士风格 knighthood

鞣皮 tanning

头盔 helmet

甲胄 corslet

高顶帽 tall hat

长裤 pants

高筒马靴 tall canister boots

短夹克 short jacket

艺术流派 school of art

波普风格 pop style

视幻艺术风格 visual illusion art style

错视 parablepsia

绘制 draw

排列 arrange

对比 comparison

交错 stagger

重叠 overlap

人字格 one word

千鸟格 houndstooth

波点 wave point

条纹 stripe

现代主义 modernism

国际主义 internationalism

象征性 symbolic

趣味性 interestingness

表面装饰 incrustation

大胆 bold

新奇 newness

艳俗 gaudy

放肆 unbridled

眼花缭乱 be dazzled

惊世骇俗 shock the world

水晶 crystal

钉珠 beading

亮片 paillette

前卫 advance guard

复古 return to the ancients

民族感 national feeling

运动 exercise

时尚 fashion

狂野 wild

劲爆 hottest

音效 sound effect

主旋律 theme

配乐 background

音响效果 acoustics

生活环境音效 ambient sound effects

自然环境 natural environment

情节 plot

人声 voice

乐器应用音效 instrumental music

古琴 Chinese zither

击打类乐器音效 percussion instrument sound

音色 tone

异域情调 an exotic atmosphere

异幻情境音效 phantom scene sound

优盘 usb flash drive

手机 mobile phone

第六章

舞美设计 stage design

场地 location

场地选择 select location

剧院 theater

宾馆 hotel

展览馆 exhibition

体育馆 palaestra

商场 emporium/mall

广场 square

度假村 vacation village

山庄 villa

游船 yacht

著名建筑 famous architecture

舞台 stage

舞台装置 stage decoration

伸展台 runaway

伸展台形状 runaway shapes

舞台背景 stage background

舞台灯光 stage light

逆光 back light

激光 laser

频闪光 stroboscopic light

紫外线光 ultraviolet radiation

后台 backstage

化妆间 toilet

更衣间 dressing room

过道 aisle

场地规划 location program

平面图 plan

观众席 auditorium

嘉宾席 distinguished guest seat

评委席 rater seat

记者席 pressman seat

第七章

挑选模特 selecting models

模特 model

挑选者 selector

面试 interview

基本特征 basic feature

模特公司 model company

模特标准 model standard

模特人数 number of models

运动装 sportswear

职业装 office wear

晚装 formal dress

泳装 swimming wear

服装的试穿 merchandise fittings

试衣时间 fitting time

试衣步骤 fitting step

服装管理 merchandise management

服装分类 merchandise categories

试衣单 fitting sheet

配饰的管理 decoration management

制订方案 formulate plan

表演程序 performance program

开场 show opening

高潮 the climax

结尾 the finale

排练 run-through

彩排 rehearsal

舞蹈化表演 dancing

民族服装 ethnic wear

表演设计 choreography

表演程序表 sked

出场次序 lineup

服装编号 merchandise code

模特编号 model code

走台路线 mapped route

表演动作 action

步伐 pace

转身 pivots

造型 poses

第八章

服装设计师 fashion designers

音响师 music technician

灯光师 lighting engineer

解说员 commentator

舞台监督 stage manager

催场员 starter

换衣工 dresser

其他人员 other coordinator

摄影师 cameraman

第九章

经费预算 planning the budget

场地租赁费 site rental fees

灯光制作费 light execution fees

音乐制作费 music execution fees

模特出场费 model fees

编导费 choreographer fees

宣传费 publicity fees

广告费 advertisement fees

电视 cable television

网络 network

杂志 magazines

报纸 newspapers

无线广播电台 radio

直接邮寄 direct mail

交通费 transportation fees

道具租赁费 props rental fees

服饰购买费 merchandise and decoration fees

餐饮费 catering fees

经费筹备 raise funds

申请经费 apply for outlay

广告赞助 advertising sponsor

新闻发布 press issuance

广告宣传 advertising publicity

附录四　国际时装周赏析

2018 年春夏纽约时装周

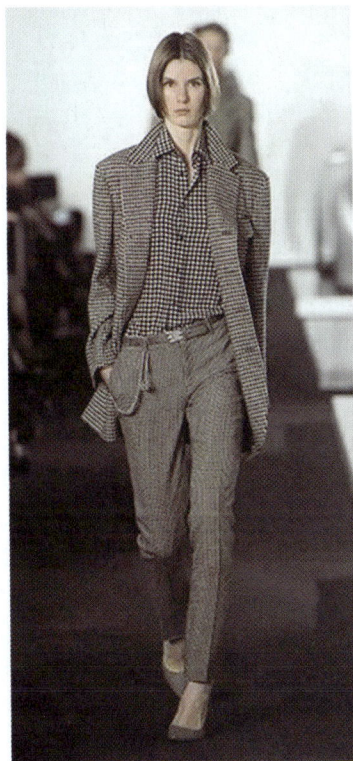

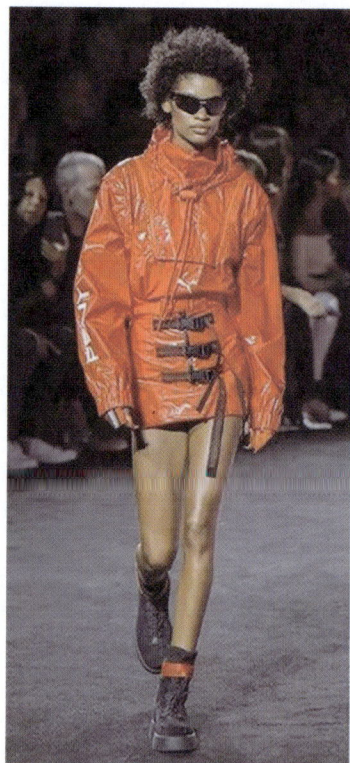

2018 年春夏伦敦时装周

2018 年春夏巴黎时装周

2018 年春夏米兰时装周

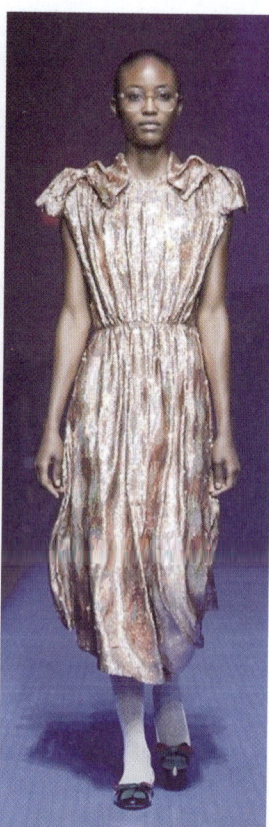

2018 年中国国际大学生时装周

服装高等教材

《服装款式图教程及电脑绘制》
丛书名："十三五"普通高等教育
　　　　本科部委级规划教材
作者：李楠 管严 著
开本：16 开
定价：46.80 元
出版日期：2016 年 12 月
ISBN：9787518031078

《高级女装立体裁剪 基础篇》
丛书名："十三五"普通高等教育
　　　　本科部委级规划教材
　　　　服装实用技术·应用提高
作者：白琴芳 章国信 著
开本：16 开
定价：42.80 元
出版日期：2016 年 9 月
ISBN：9787518024988

《服装表演训练教程》
丛书名："十三五"普通高等教育
　　　　本科部委级规划教材
作者：金润姬 辛以璐 李笑南 编著
开本：16 开
定价：39.80 元
出版时间：2016 年 6 月
ISBN：9787518026227

《中国服饰文化》（第 3 版）
丛书名："十三五"普通高等教育
　　　　本科部委级规划教材
作者：张志春 著
开本：16 开
定价：48.00 元
出版日期：2017 年 4 月
ISBN：9787518028702

《服装生产管理与质量控制》（第 4 版）
丛书名："十三五"普通高等教育
　　　　本科部委级规划教材
作者：冯翼 徐雅琴 储瑾毅 编著
开本：16 开
出版日期：2017 年 4 月
定价：42.00 元
ISBN：9787518030668

《服装实用英语 -- 情景对话与场景模拟》（第 2 版）
丛书名："十三五"普通高等教育
　　　　本科部委级规划教材
作者：柴丽芳 潘晓军 编著
开本：16 开
出版时间：2017 年 2 月
定价：42.00 元
ISBN：9787518033652

《服装 CAD 应用》
丛书名："十三五"普通高等教育
　　　　本科部委级规划教材
作者：尹玲 主编
定价：68.00 元
开本：16 开
出版时间：2017 年 3 月
ISBN：9787518034802

《服装零售学（第 3 版）》
丛书名："十三五"普通高等教育
　　　　本科部委级规划教材
作者：王晓云 主编
　　　　蒋蕾 何鉴 龚雪燕 副主编
定价：45.80 元
开本：16 开
出版时间：2017 年 5 月
ISBN：9787518033379

《准规则斑图艺术》
丛书名："十三五"普通高等教育
　　　　本科部委级规划教材
作者：张聿 主编
　　　　金耀 岑科军 副主编
定价：78.00 元
开本：16 开
出版时间：2017 年 5 月
ISBN：9787518033928

《男装实用制板技术》
丛书名：服装实用技术·应用提高
作者：朱震亚 冯莉 朱博伟 著
定价：35.00 元
开本：16 开
出版日期：2015 年 1 月
ISBN：9787506497459

《时装造型设计·连衣裙》
丛书名：服装实用技术·应用提高
作者：侯凤仙 卓开霞 编著
定价：35.00 元
开本：16 开
出版日期：2015 年 3 月
ISBN：9787518013708

《服装板型设计与案例解析》
丛书名：服装实用技术·应用提高
作者：杨烁冰
定价：35.00 元
开本：16 开
出版日期：2016 年 5 月
ISBN：9787518023820

《女装结构设计与应用》
丛书名：服装实用技术·应用提高
服装高等教育"十二五"部委级规划教材（本科）
作者：尹红 主编
金枝 陈红珊 张植屹 副主编
定价：35.00 元
开本：16 开
出版日期：2015 年 7 月
ISBN：9787518013852

《针织服装结构与工艺》
丛书名：服装实用技术·应用提高
服装高等教育"十二五"部委级规划教材（本科）
作者：金枝 主编
王永荣 卜明锋 曾霞 副主编
定价：38.00 元
开本：16 开
出版日期：2015 年 7 月
ISBN：9787518015313

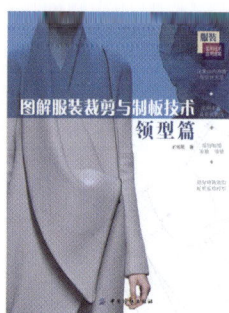

《图解服装裁剪与制板技术·领型篇》
丛书名：服装实用技术·应用提高
作者：王雪筠 著
定价：38.00 元
开本：16 开
出版日期：2015 年 4 月
ISBN：9787518008049

《经典女装纸样设计与应用》
丛书名：服装实用技术·应用提高
作者：孙兆全 编著
定价：42.00 元
开本：16 开
出版日期：2015 年 2 月
ISBN：9787518012770

《图解服装纸样设计·女装系列》
丛书名：服装实用技术·应用提高
定价：38.00 元
作者：郭东梅 主编；
严建云 童敏 副主编
开本：16 开
出版日期：2015 年 7 月
ISBN：9787518013869

《高级女装立体裁剪·基础篇》
丛书名：服装实用技术·应用提高
作者：白琴芳 章国信 著
定价：42.80
开本：16 开
出版日期：2016 年 11 月
ISBN：9787518024988